企业专利战略竞争情报机制研究

QIYE ZHUANLI ZHANLÜE
JINGZHENG QINGBAO JIZHI YANJIU

李德升 ◎著

知识产权出版社
全国百佳图书出版单位
—北京—

图书在版编目（CIP）数据

企业专利战略竞争情报机制研究/李德升著. —北京：知识产权出版社，2024.1

ISBN 978-7-5130-8032-3

Ⅰ.①企… Ⅱ.①李… Ⅲ.①企业管理-专利-研究 Ⅳ.①G306.3②F273.1

中国版本图书馆 CIP 数据核字（2021）第 279044 号

内容提要

本书系统地总结了企业专利战略与竞争情报的相关理论，提出并阐释了产品技术链的概念，构建了基于竞争情报的企业专利战略模型。

本书读者对象主要为竞争情报研究者及工作者群体。

责任编辑：李　婧　　　　　　　责任印制：孙婷婷

企业专利战略竞争情报机制研究

李德升　著

出版发行：知识产权出版社有限责任公司		网　　址：http://www.ipph.cn	
电　　话：010-82004826		http://www.laichushu.com	
社　　址：北京市海淀区气象路 50 号院		邮　　编：100081	
责编电话：010-82000860 转 8594		责编邮箱：laichushu@cnipr.com	
发行电话：010-82000860 转 8101		发行传真：010-82000893	
印　　刷：北京中献拓方科技发展有限公司		经　　销：新华书店、各大网上书店及相关专业书店	
开　　本：710mm×1000mm　1/16		印　　张：14.75	
版　　次：2024 年 1 月第 1 版		印　　次：2024 年 1 月第 1 次印刷	
字　　数：220 千字		定　　价：80.00 元	

ISBN 978-7-5130-8032-3

出版权专有　侵权必究

如有印装质量问题，本社负责调换。

PREFACE 前言

专利战略被认为是在市场中占据竞争优势、获取最佳经济效益的秘诀，并成为经济发展战略和企业经营战略的重要组成部分。2021年，《中国发明与专利》第9期发文对《2020世界知识产权指标》专利数据进行了分析，数据显示，2019年，中国超越美国，成为提交国际专利（PCT专利）申请最大来源国，2020年，中国继续保持了领跑地位。中国已经成为一个专利大国，但还不能说是专利强国。在国际专利战和标准之争中，我国企业仍经常处于下风。国家专利强国战略的落实，最终要靠一个个企业来具体实现。所以，我们的企业肩负着开拓创新与竞争发展的重任。技术领先和竞争优势是企业孜孜以求的两个基础目标，也是企业战胜对手的关键。

专利实质上是一种权利化的技术，其属性表现为技术性和独占性两个方面，专利战略的成功实施，能够充分满足企业保持技术领先和竞争优势需求。同时，利用专利竞争情报进行技术、环境等相关分析，已经成为一种主流的竞争情报活动。

基于上述原因，本书选择从竞争情报的角度来认识与分析企业专利战略的问题，运用文献归纳的方法系统总结了企业专利战略与竞争情报的相关理论。在此基础上，本书提出并阐释了产品技术链的概念，建立了专利技术跟踪与监测的模型并通过反竞争情报的视角阐明企业选择专利战略的基本意义。关于归纳与验证部分，本书构建了基于竞争情报的企业专利战略模型。结合调查问卷的数据，对各个变量之间的关系进行量化描述。本书还对影响企业专利战略的竞争情报因素进行了分析，并勾画出基于竞争情报方法的企业专利战略组织模型、运行方式及核心要素。最后本书基于企业专利战略模型的分析提出了构建专利战略情报保障系统的构想，并对构建情报保障系统或者一般竞争情报系统中的专利竞争情报功能进行了论述，说明其与企业专利战略管理之间的重要关系。

本书是《企业专利战略中的竞争情报机制与运用》一书的修订版，可供专利信息工作者与研究者、图书情报研究人员使用。书中使用了王知津教授相关课题问卷数据，参考了多位专家的文献与观点，并在写作上得到了屈宝强、侯延香、孙立立、王波、袁辉、汪浩等老师的帮助，在此一并致谢。同时，书中肯定也会存在疏漏与不足之处，也希望业界专家多多指教。

北京印刷学院　李德升

2022 年 3 月

CONTENTS 目录

第一章　导论 …………………………………………………… 001
　　第一节　研究背景及动机 ……………………………………… 002
　　第二节　研究内容、路线及方法 ……………………………… 008
　　第三节　本书结构及创新点 …………………………………… 012

第二章　相关研究综述 ………………………………………… 015
　　第一节　企业专利战略 ………………………………………… 015
　　第二节　竞争情报 ……………………………………………… 027
　　第三节　企业竞争情报与专利战略 …………………………… 053

第三章　竞争对手技术情报跟踪与监测 ……………………… 056
　　第一节　竞争对手技术情报跟踪与监测体系 ………………… 056
　　第二节　竞争对手专利技术情报跟踪与监测的运作 ………… 062
　　第三节　企业技术情报预警系统的建立 ……………………… 082
　　第四节　技术情报跟踪与监测操作案例 ……………………… 086

第四章　企业专利战略：竞争情报模式 ……………………… 098
　　第一节　专利竞争情报及其类型 ……………………………… 099
　　第二节　专利竞争情报分析与企业专利战略制定 …………… 113

第三节　运用 SWOT 分析法进行企业专利战略选择 …………… 121

第五章　企业专利战略：反竞争情报模式 …………………………… 130
第一节　反竞争情报 ……………………………………………… 131
第二节　专利战略中的反竞争情报方法 ………………………… 134

第六章　基于竞争情报的专利战略模型构建 ………………………… 145
第一节　我国企业专利战略现状调查与分析 …………………… 145
第二节　两组企业专利战略变量组合的比较 …………………… 162
第三节　基于竞争情报的企业专利战略模型 …………………… 169

第七章　基于竞争情报的企业专利战略保障系统 …………………… 171
第一节　专利竞争情报的组织机制 ……………………………… 172
第二节　专利战略情报保障系统的构建 ………………………… 180
第三节　专利战略情报保障系统的功能及模式 ………………… 186

第八章　结论与建议 …………………………………………………… 190
第一节　结论 ……………………………………………………… 190
第二节　研究局限与后续研究的建议 …………………………… 192

参考文献 ………………………………………………………………… 194

附　录 …………………………………………………………………… 204
附录一　基于竞争情报的企业专利战略指标体系 ……………… 204
附录二　国家知识产权局软科学研究课题企业专利战略专家问卷
　　　　 ……………………………………………………………… 209
附录三　国家知识产权局软科学研究课题企业专利战略专家问卷
　　　　 ……………………………………………………………… 214
附录四　加权后的企业一级指标得分统计表 …………………… 223
附录五　分段调整后的企业一级指标得分统计表 ……………… 227

导论
第一章

　　进入21世纪，知识经济蓬勃发展，信息技术革命所引起的企业经营环境与竞争范式的变化，为企业管理提出了新的任务与挑战。当前企业面临的竞争环境具有如下特征：重大变化的快速性；产品生命周期日益缩短；定制的大规模化；技术变革的不连续性；技术诀窍与知识的快速扩散与交叉渗透；全球竞争者更加野心勃勃。从某种意义上说，专利拥有量的多少与专利权保护程度的高低是衡量企业乃至国家综合竞争力的重要标准。为了参与市场竞争并获得竞争优势，制定和运用专利战略逐渐被国内外企业所重视。

　　专利战略被认为是在市场中占据竞争优势、获取最佳经济效益的秘诀，并成为经济发展战略和企业经营战略的重要组成部分。目前，我国企业的专利拥有量在国际上已位居前列，但在专利战和标准之争中仍经常处于下风。所以，我们更应该根据企业的实际情况制定专利战略，在竞争中获取优势。企业之间的竞争是企业经营的原动力，战胜对手的关键是技术的利用与管理，具体表现为获得新技术和利用新技术方面的竞争。专利实质上是一种权利化的技术，尤其是利用专利竞争情报对竞争对手进行跟踪与监测，已经成为一种新型的竞争情报活动。

　　在企业经济活动中，利用专利并将其与遏制竞争对手结合起来，是发达国家利用专利权的一种典型形式，即专利被看成是企业竞争战略的重要因素——专利竞争情报。与发达国家相比，我国在这方面的发展状况相对滞后，尤其是在专利战略的制定与实施方面，往往更是落在发达国家诸多竞争对手后面。因此，利用专利竞争情报制定企业专利战略，跟踪、监测并超越竞争对手成为摆在我们面前的一个紧迫课题。

第一节　研究背景及动机

当前，企业在制定和选择专利战略时，首先会感到市场变化节奏越来越快，环境变得越来越不确定，竞争对手也越来越难以预测。企业专利战略已不像过去那样，可以按照预测、计划、制定、实施的程序按部就班地进行。一个企业既定的专利战略完全有可能被竞争对手破坏，一项特定战略的成效不是由最初所采取的措施所决定的，而主要取决于它对竞争对手行为和反应预测的准确程度随时间而变化。因此，企业在制定战略时，必须对这种动态的机制有更加清晰的认识，即认识宏观政治经济环境，培养核心能力，谋求竞争优势是企业战略管理的基本内容。

一、宏观环境对专利战略的影响

习近平总书记在中央政治局第二十五次集体学习时深刻指出，"创新是引领发展的第一动力，保护知识产权就是保护创新""要加强关键领域自主知识产权创造和储备"。世界知识产权组织发布的《2020 年全球创新指数报告》中，中国排名第 14 位，较 2015 年提升 15 位。❶ 中共中央、国务院印发的《知识产权强国建设纲要（2021—2035 年）》和国务院印发的《"十四五"国家知识产权保护和运用规划》，加强知识产权顶层设计，在更高起点上推动知识产权事业稳中求进、高质量发展。

国家专利战略是国家发展战略的一部分，是国家在国内已有法律体系

---

❶ 吴珂. 国务院新闻办公室在京举行"贯彻落实'十四五'规划纲要 加快建设知识产权强国"新闻发布会 [N]. 中国知识产权报，2021-4-28.

和国际知识产权法规框架范围之内，通过立法、行政、司法等手段行使公权力，组织、引导、保护法人和自然人等权利主体取得和使用专利权、激励创新、获得竞争优势、创造更多财富的政策、总体规划和措施。企业专利战略是国家专利战略的延伸，企业通常在国家专利战略框架之下进行运作。例如，美国政府一直奉行独立的创新政策，日本、韩国政府采取战略跟进的政策。目前，我国的知识产权战略强调要建立独立自主的国家创新体系，在各个领域全方位地推进专利战略实施，这为创新型企业的发展提供了良好的环境。企业应该积极制定实施自己的专利战略，在国家支持的框架中，力求取得较大力度的支持，快速建立自己的专利竞争优势，走出国门，走向世界。

有许多事关行业发展命脉的核心技术绝非单个企业短时间内所能攻下，因此我国只能建立企业技术联盟，整合资源合力攻关，进而形成中国企业全球市场的行业标准，以对抗外国专利壁垒。2022年3月，李克强总理在向十三届全国人大五次会议所作政府工作报告中指出，我国将持续加强知识产权保护和运用。国家知识产权局在落实相关知识产权政策、协助理顺相关法规方面，也在作积极的努力。这些都有力地推进了国家层面专利战略活动的发展。科技创新型企业应该抓住机遇，在加强自身研发能力建设，积极开展企业专利战略规划实施的同时，注意国家政策和行业热点导向，争取资金、政策或者其他方面的外部支持，充分利用中介机构的服务，为自己的专利战略创造有利的条件。

二、竞争对策对核心竞争力的影响

核心竞争力又被称为核心能力、特有竞争力、组织竞争力、企业特殊能力等，其主要含义都是指组织为了自己的利益而努力超越试图与自己分配利益的对方而采取最行之有效的活动能力。核心竞争力最早是由美国的普拉哈拉德和哈默于1990年在《哈佛商业评论》发表的《公司核心竞争力》（*The core competence of the corporation*）一文中提出来的。他们认为核心竞争力是指在组织中积累的学习能力，特别是如何协调不同生产技能和集成多种技术流派的学习能力。[1]

核心竞争力是识别和提供优势的知识体系，包含员工的知识技能、知识创造和控制的过程等诸多能力中最能实现组织价值的能力；它是无形的能力和知识体系，是整个组织层面上的竞争能力；它是经过整合和提炼，能够在不同业务和不同部门进行传递学习的技能；它是提供长期竞争优势，可供进入潜在竞争领域的能力；它是组织现时存在和未来发展的基础，可使组织进入更广阔的外部环境，是最终能够决定组织及其产品在竞争领域处于优势地位的能力。核心竞争力具有以下显著特征：①特殊性。核心竞争力是特定的组织以特定的方式使用特定的技术逐步积累，个性化发展过程中的产物，不会轻易被竞争对手完全模仿和掌握。②顾客价值性。核心竞争力是组织独特的竞争能力，有利于提高组织效率和节约资源，组织凭借它能够在竞争中获得相对优势。③延展性。核心竞争力是一种基础性的能力，它为组织其他能力的发挥提供了坚实的基础，在组织的各种能力中处于统领地位。④动态性。由于竞争对手具有后发优势，经过不断地学习和创新，不断地适应变化的环境，它们会逐步缩小差距，直至完全超越，这样会导致原先个别组织的核心竞争能力变成所有组织的一般能力，组织不得不又去寻找新的核心竞争力作为竞争的新砝码。⑤相融性。核心竞争力与组织相辅相成，包括组织理念、组织管理、组织文化等，它难以从组织实体中分离出来，但它能使组织与其竞争对手产生质的差别，成为组织竞争差异化的有效来源。⑥相对持久性。核心竞争力不是只能短暂存在，而应是能保持相当长的一段时间，直到外部环境发生较大的变化。这就要求组织的核心竞争力还应具有适应外部环境不断变化的应变能力、学习能力和创新能力。⑦不可交易性。核心竞争力与特定的组织相伴相生，无法像其他生产要素一样在市场中进行交易。

显然，许多企业的专利都是其核心竞争力的组成要素。一个企业在某种技术领域拥有大量专利，往往表明企业在该领域具有某种核心竞争力。具

---

[1] PRAHALAD C K, HAMEL G. The core competence of the corporation[J]. Harvard Business Review, 1990(5-7):79-91.

有核心竞争力的企业在其行业中产生了自己的竞争优势,其他企业在这种技术环境中与前者形成了领先者和追随者的关系。领先者为了保护自己的竞争优势,经常会为追随者尤其是竞争者设置技术障碍。在技术障碍中,企业采用申请专利、实施专利战略来保持自己的地位。例如,宝丽来公司的一次成像技术、皮尔金顿公司的浮法玻璃技术,都是凭借专利保护来确立自己的领先地位的。[1] 同样,为少数公司专有的技术秘诀(Know-how 技术)、组合技术也可以构成抵御潜在进入者的技术障碍。目前,尤其在电子商务行业,有许多商业技术方法也开始申请专利,构建技术壁垒。

构成技术障碍的另一个重要因素是学习曲线,即随着时间的推移,单位产品成本下降的产业特性。在企业的学习曲线模式中,时间的推移也可以表现为积累产量的增加,实际上是企业学习过程的加深和经验的积累,所以学习曲线也称为经验曲线。学习曲线可以使最早进入某个领域的企业享有特殊的、与规模无关的成本优势,从本质上讲,这也是一种技术障碍。追随者为了能够获得相关的知识,一般会采用竞争情报的手段来收集、分析、利用领先者的相关信息,从而促成自己高层的决策。领先者一般会运用反竞争情报策略来维护自己的优势,保守自己的技术信息。

因此,构筑专利网和实施竞争情报是企业在竞争中经常使用的对策。专利网的主要构成部分是通过外围专利的申请实现的,这是企业的一种重要的防御性战略方式。在实施竞争情报过程中,人们利用传统的文献分析及战略管理的分析方法对竞争对手、竞争环境加以分析,从而为制定自己的专利战略、培育自己的核心竞争力、实现自己的竞争优势提供支持。

三、企业专利战对竞争优势的影响

在科学技术迅猛发展的今天,企业间的竞争已转化为科学技术的竞争、技术创新能力的竞争,并集中体现为自主知识产权的竞争,特别是专利数量及质量的竞争。专利在企业发展中的战略地位正逐步得到增强。企

---

[1] 王迎军,柳茂平. 战略管理 [M]. 天津:南开大学出版社,2004:43.

业要站在战略的高度来认识和处理专利工作，以强化专利发明的创造及专利管理，并在经营活动中运用专利战略，有效地遏制竞争对手，以较少的投入获得较大的市场竞争份额，不断提高企业自身的竞争能力，从而在市场上获得丰厚的回报。企业通过有效地实施专利战略去开拓市场、占领市场并取得市场竞争优势，已成为知识经济时代的必然趋势。

在专利等知识产权保护日趋国际化的今天，仅研制出高新技术成果还不足以拥有市场竞争优势，只有将其取得的专利等知识产权进行有效保护才能最终形成自己独特的市场竞争优势。

世界上的一些经济、科技大国强国，同时又是专利大国强国。例如，日本每年发明专利申请达40多万件，美国20多万件，德国15多万件。从企业来看，IBM、杜邦、日立、索尼、飞利浦等大公司，目前均拥有有效专利数万件，每年的发明专利申请达上千件，有的高达1万多件，这些有效专利是它们雄霸国际市场最重要的资本。❶缺乏知识产权保护的市场是无序的市场。例如，20世纪90年代，我国VCD机生产异军突起，这项由中国人首次运用数字压缩和解码高新技术研制的VCD整机技术发明，自1993年问世后，很快形成年产规模1000多万台的新兴电子产业。但遗憾的是，由于该技术的发明人没有申请专利，导致国内几百个厂家生产VCD机，市场一片混乱。与之相反，在国内洗衣机出口整体下降的情况下，海尔集团发明的"小小神童"洗衣机出口却大幅度上升。这主要是因为海尔集团为它申请了26件专利，有效保护了市场。两个案例产生如此强烈的反差，直接反映了专利战略在市场竞争中的重要作用。❷

中国企业面临的专利之痛促使我国企业必须实施专利战略。中国的DVD生产也遭遇了VCD生产同样的情况，经过多方协调，中国电子音响工业协会代表国内百余家DVD生产企业，与六大技术开发商组成的"6C联盟"签署协议：中国企业每生产一台DVD机，要向"6C联盟"缴纳4.5美元的专利费。再加上其他国际DVD专利收费大军的进逼，导致DVD

---

❶ 徐家力. 略论中国企业的专利战略 [J]. 企业科技与发展，2007（15）：35-36.

❷ 同❶.

产品的出口价格上涨10美元，出口增长势头受阻。为了保护本区域企业，欧盟通过了一项有关打火机的安全条例，该条例规定进口价格在2欧元以下的打火机，必须要有安全装置，而有关这一装置的技术专利大多为欧洲国家控制，这意味着占世界产量80%的中国打火机，将被迫撤出欧洲市场。❶ 据2015—2019年的数据统计显示，美国国际贸易委员会发起的"337调查"（美国1930年关税法第337条，认为违反知识产权法的侵权行为及其他形式的不公平竞争行为构成非法贸易行为）的案件中所涉及的中国企业数量已跃居亚洲第一位。❷

面对知识资本争雄的竞争环境，众多高科技公司为能在产品周期短、技术变化快速的产业特性中胜出而竭尽全力，尤其注重培养扩大其成长的原动力——技术创新。但如何创新及创新后如何不被他人仿冒，是当前高科技产业在技术能力发展方面的重要课题。因此，为能在新兴产业领域不断保持领先，创造更高的企业附加价值，必须缜密思考获取专利的策略，通过专利权的取得来摆脱微利竞争威胁与高额权利金不断追索的阻碍。❸ 也就是说，要在竞争激烈的高科技产业环境中立足，高科技公司必须采取各种的竞争手段与保护措施。其中，最有效且被广为运用的即取得专利权，通过法律赋予独占地位，取得企业的竞争优势。换言之，在生物科技、通信科技、网络科技、光电显示、计算机信息等高科技领域中，企业必须掌握关键技术以提供产品或服务，进而凭借这些关键技术加以获利。因此，关键技术是高科技产业为客户提供产品和服务所不可或缺的条件。

无论是专利战略的制定、专利战策略选择还是由此产生的核心竞争力的保持和竞争优势的取得，都需要大量的相关信息的支持。竞争情报的理论与方法在这个过程中起到了越来越重要的作用。本书试图从竞争情报的角度分析企业专利战略，将战略管理理论与竞争情报方法结合起来思考，

---

❶ 徐家力. 略论中国企业的专利战略 [J]. 企业科技与发展, 2007 (15): 35-36.

❷ 闫圣洁. 美国贸易法"301条款"和"337条款"对华组合运用分析 [D]. 上海: 上海社会科学院, 2020.

❸ 萧秉国. 论美国高科技产业并购专利策略与其法律问题研究 [D]. 桃园: 台湾中原大学, 2004: 5.

使战略与战术相协调，将内因与外因相结合，为企业竞争力的提升、企业信息、知识资源的配置开拓新的视野。

第二节 研究内容、路线及方法

企业获取竞争优势，保持核心竞争力的方法有很多，本书目的是在梳理已有专利战略文献观点的同时，发现一些新的问题，并尝试给予回答。本书结合专利竞争情报对企业制定决策的战略性作用，通过实施专利战略，达到增强企业竞争能力的目的，并以此为基础，试图构建竞争情报方法的专利战略模型，为企业谋求持续竞争优势。

一、研究内容

（一）如何利用专利竞争情报对竞争对手进行跟踪与监测

专利竞争情报是一种比较特殊的竞争情报，其竞争价值是不言而喻的。如何利用这种受法律保护的竞争情报来跟踪和监测对手，是本书要解决的关键。跟踪和监测的整个过程是通过对专利竞争情报源的分析，找到竞争对手，分析竞争对手的专利技术，针对竞争对手采取一系列策略和手段，遏制竞争对手，保持本企业的竞争优势。以往的专利竞争情报工作大多局限于专利检索，很少有用于跟踪和监测的。

（二）专利竞争情报在制定企业专利战略中的应用研究

专利竞争情报不仅揭示了某一专利技术的内容及法律状况，同时也反映了企业在争夺产品或技术优势、占领市场、战胜对手等方面的意图和策略。通过对竞争对手的跟踪与监测，可以获得很多对于制定企业专利战略有价值的情报，如竞争对手是谁或竞争对手的特点、实力和动向等，这些情报都可用于企业专利战略的制定。

（三）企业专利战略中的反竞争情报策略研究

反竞争情报的主要任务是评估对手的竞争情报能力与自身薄弱环节，确定防范对象和情报保护要求，通过预先采取措施，抵消竞争对手的情报收集活动，保护企业商业秘密，保障企业正常运营。反竞争情报策略研究包括自我保护对象、竞争对手情报能力评估、企业内外商业间谍行为、网络系统的安全保障、发布迷惑对手的策略性信息等。

（四）专利战略情报保障系统研究

以往的企业专利战略研究侧重于企业专利工作的正面，即在企业管理层面上，研究技术创新所涉及的具体专利问题，如专利申请、专利实施、专利引进、专利合作、专利保护、专利诉讼等，制定实现战略目标的措施，建立和健全有关管理制度，规范技术创新中的专利活动。本书拟通过专利战略情报保障系统的构建，综合相关信息要素，为专利战略管理建立良好的信息支持环境。

（五）如何成功地实施企业专利战略

企业实施专利战略不仅是一个理论问题，更是一个复杂的实践问题，其最终成果应当表现为：确立企业专利战略目标并将这个目标变为可操作的步骤和措施，由此帮助企业绘出一幅市场和竞争对手的清晰轮廓图，并合理配置企业技术创新资源，改善企业技术创新管理水平，提高企业专利申请的数量和质量，增强企业的核心竞争力。本书建立了基于竞争情报方法的企业专利战略模型，该模型将宏观战略、具体分析技术路线、环境要素、信息流控制等子过程整合起来，以期在不断的反馈与变化中做出正确分析，为企业制定专利战略、保持竞争优势提供辅助分析工具。通过调查问卷的统计分析，本书对模型中不同要素的关系作了实证分析。

二、研究路线

本书研究路线如图 1.1 所示。

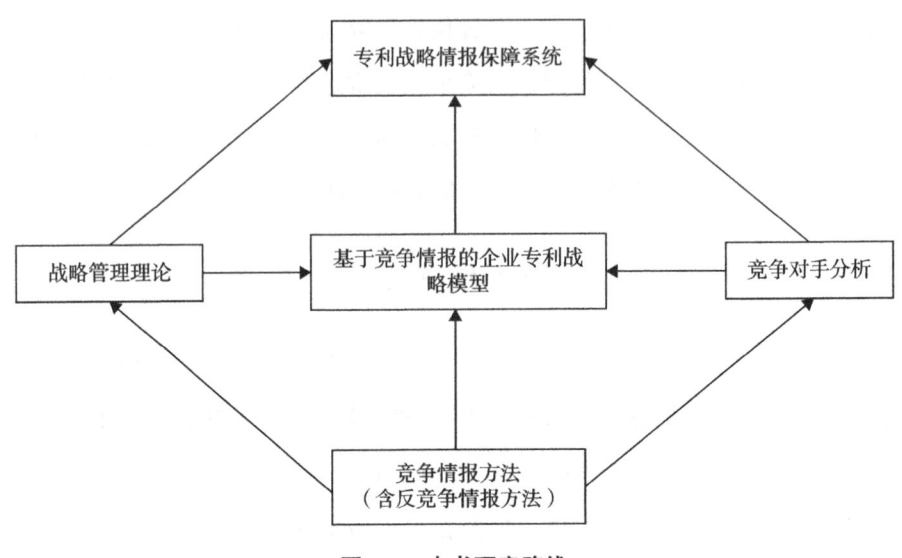

图 1.1　本书研究路线

本书的主要目的是探讨基于竞争情报的专利战略问题，因此，出发点是竞争情报方法，其中也包含了企业反竞争情报方法，后者是前者必要的补充与完善。

作为竞争情报与企业专利战略的共同理论基础——战略管理理论，其是本书的理论来源。作为一种技术战略的专利战略，其制订、实施、控制、评价直至转化为企业的战略性绩效，整个过程都离不开竞争情报所提供的信息流的支持。

为企业专利战略服务的竞争情报关键内容是竞争对手的跟踪与监测，整个过程包括识别技术竞争环境、识别和确定竞争对手、确定竞争对手关键技术、分析竞争对手技术战略、评估竞争对手技术实力、估计竞争对手反应、选择攻击或回避等。为了能够发现早期的威胁，竞争对手预警系统为专利战略提供了前哨作用。

作为竞争情报与专利战略的直接作用机制，专利战略情报保障系统承担了专利竞争情报收集、整理、分析、传递、利用、反馈的整个过程。情报保障系统是一个管理系统，也是一个信息系统，它在人机结合、对外开放的基础上为战略系统进行服务。

作为整个研究内容的实证，本书根据调查问卷的分析，验证了专利竞争情报支持基础上的专利战略过程，并结合文献分析与实证研究，构建了基于竞争情报的专利战略模型。

三、研究方法

本书主要从企业实施竞争情报，制定专利战略从而提升竞争能力的基本途径进行企业专利战略分析。由于基于竞争情报的企业专利战略发展还处于探索阶段，各企业仍处于试验过程，尚无一定的商业模式，因此本书属于探索性研究的范畴。

本书拟采用以下研究方法：

（1）文献调查法与分析综合法。本书利用各种公司年报、月报、专利局公报、专利检索工具、年鉴、手册及互联网数据库等获取相关资料，并加以整理、分析。另外，采用系统检索、追溯检索、浏览检索，通过手工检索和计算机检索相结合，进行文献的分析、归纳和综合，在研究国内外现有成果的基础上形成新的、系统的研究成果。文献来源主要包括电子期刊数据库资源，如 ABI 商业信息（ABI/INFORM Complete）数据库、UMI 学术期刊图书馆（Academic Research Library）数据库、美国电气电子工程师学会和英国电气工程师学会（IEEE/IEE Electronic Library）数据库、JSTOR 过刊数据库、UMI 博硕士论文数据库、南开大学学位论文库、NSTL 国家科技图书文献中心数据库、中国学术期刊网、万方数据库、维普中文科技期刊数据库、人大复印报刊资料全文数据库等，以及图书、会议论文、博硕士论文、期刊论文、网上资料等。

（2）理论演绎方法。在战略管理和竞争情报一般理论的基础上，对专利战略和专利竞争情报这两种特殊的形态进行个性化的演绎推理，探讨二者之间的互动关系。

（3）统计分析法。运用数理统计方法，对通过调查获得的结构化数据进行统计分析，定量描述中国企业专利战略和竞争情报的现状和趋势，验证各种变量之间的关系，指导企业制定专利战略。

（4）专家调查法。在不涉及企业商业秘密的前提下，对专利工作进行深度调查和抵近观察。一是针对实施专利战略比较成功的企业相关部门，了解其建设与运行情况，并收集一些成功案例；二是针对有经验的企业专利人员、竞争情报人员及这两方面的专家、学者，了解和吸收他们对本书的意见、看法。

（5）分析方法。对典型企业的专利竞争情报典型案例进行深入解剖和分析。

（6）问卷调查法。从中国大中型企业中选取样本（如华为、联想、海尔等）展开初步调查，设计两种调查表：一是针对企业的，了解企业的专利战略和竞争情报工作；二是针对专家的，为企业调查建立比较客观的指标体系。

第三节 本书结构及创新点

一、本书结构

本书按照文献回顾（专利战略、竞争情报）—竞争对手（技术情报）—专利战略（竞争情报与反竞争情报模式）—实证分析与模型构建—情报保障系统—结论这样的逻辑顺序展开论述，具体安排如图 1.2 所示。

本书共分八章，各章主题安排如表 1.1 所示。

```
                专利战略理论 ← 战略管理理论 → 竞争情报理论
                       ↓            ↓            ↓
                        文献调查；理论演绎
                   ↓            ↓            ↓
        竞争对手技术情报      专利战略：竞争情     专利战略：反竞争
          跟踪与监测           报模式             情报模式
             ↓                   ↓                  ↓
          案例分析            归纳与演绎          归纳与演绎
```

（专家调查，问卷调查，实证分析）→ 基于竞争情报的企业专利战略模型

↓

专利战略情报保障系统 ←（理论分析与综合）

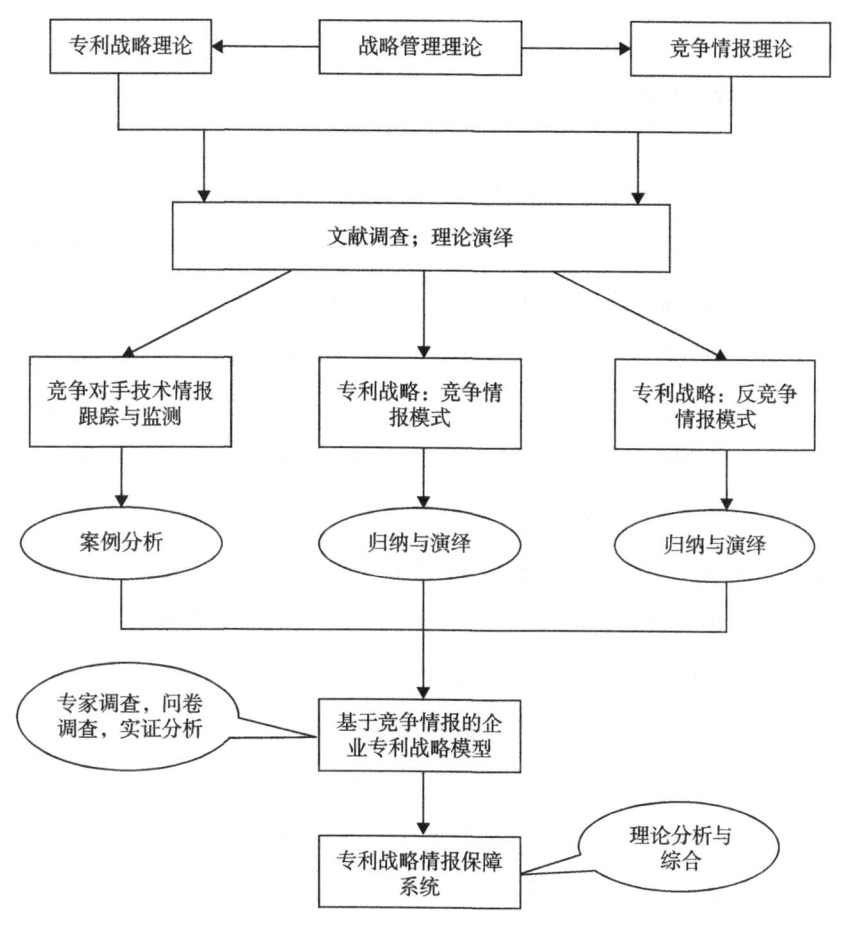

图 1.2　本书研究架构

表 1.1　本书各章研究内容概述

第一章	研究背景、内容、路线、方法、结构及创新点等，阐述本书意义
第二章	从企业专利战略、竞争情报两个方面进行文献回顾及梳理
第三章	论述竞争对手跟踪与监测过程中，对于专利技术方面的对手进行跟踪监测的方式与机制
第四章	结合对于竞争对手的跟踪与监测，通过对专利竞争情报方法的分析，指出其在企业专利战略中的应用
第五章	利用反竞争情报方法，增强企业在技术情报方面自我保护的能力，并形成企业专利战略中的重要组成部分
第六章	进行实证分析并构建专利战略模型
第七章	构建专利战略情报保障系统
第八章	研究总结，提出结论与建议

二、创新点

本书的特色和创新之处在于，通过规范与实证分析，将竞争情报与专利战略进行了有机结合，通过二者关系之研究，从对竞争对手跟踪与监测和专利竞争情报系统构建的角度探讨专利战略管理问题，力图使竞争情报进入战略管理领域，为分析竞争对手、制定竞争战略提供新的思考方式。

（1）提出了产品技术链的概念，并建立了基于产品技术链的竞争对手技术跟踪与监测模型。针对传统竞争领域与情报领域对竞争对手的分析，提出并着力从专利竞争情报的角度切入，形成一条从技术信息载体到竞争主体的分析路径，丰富了竞争对手分析的方法与内容。

（2）提出具有一定规范的专利战略制定与选择的策略和模型。把竞争对手分析与专利竞争情报有机地结合起来，深入分析了基于竞争情报的专利战略过程，提供了专利战略中的竞争情报与反竞争情报方法支持。

（3）提出了构建专利战略情报保障系统的模式。在竞争情报系统文献综述的基础上，研究了专利竞争情报的产生运行机制，从而进一步提出了构建专利战略情报保障系统的构想，并分析了专利战略情报保障系统的构成、功能与运作方式。

相关研究综述 第二章

导论从政策、理论与实践的角度揭示了实施企业专利战略管理的必要性，本章对竞争情报基本理论和基于自主研发的企业所实施的专利战略管理理论研究进行评述。首先，对企业专利战略理论研究的发展状况进行概述；其次，在战略管理理论框架内对企业竞争情报理论进行总体述评与梳理。

第一节 企业专利战略

我国自1985年施行专利法以来，先后经过四次修改，专利制度也与时俱进，日臻完善。学界与业界均认识到专利战略的重要性。近年来，国内已发表了不少有关专利战略的文章，并出版了一些著作。无论是国家还是企业也都从战略层面上进行专利研究与发展、成果转化、技术创新的部署。按专利战略的层次，可以分为国家专利战略、行业专利战略和企业专利战略，在不同的层次上所确定的战略目标和措施是不同的，行业专利战略和企业专利战略是国家专利战略的重要组成部分。本书以企业专利战略研究为主要目标。目前，国内外企业专利战略的主要研究方向集中在以下几个方面：专利战略分类研究；专利竞争情报战略；专利战略管理模式；专利战略价值化和投资战略；企业专利战略的定量评价。将专利战略作为

企业资源和能力形成的核心竞争力的机理缺乏深入研究。❶

一、企业专利战略定义研究

对专利战略的科学界定，既是专利战略研究的基础，也是制定和实施专利战略的前提。但是，迄今为止，关于什么是专利战略，国内外尚未形成共识。本书首先介绍国内外的一些观点，然后针对专利战略的本质特点，归纳出本书的定义。

从国外来看，日本、美国对专利战略的研究和运用较早并且很成功。其中，日本比较有代表性的看法主要包括以下几种。经济学教授斋藤优认为，"专利战略就是如何有目的地有效利用专利制度的方针。"❷ 他把技术战略放在企业发展的第一位，结合政府政策、经济环境及专利制度，推进企业的技术转移、技术开发。他特别重视专利战略的制定和实施，提出了以目标和评价管理、研究开发、技术转移、专利管理制度为内容的专利战略管理体系。专利工作者高桥明夫认为，"专利战略是根据企业方针进行的战略性专利活动，从战略上进行进攻和防卫，充分发挥专利的各种作用。"❸ 在美国书刊中很少见到关于专利战略的内容。有代表性的是理纳德·玻克维兹（Leonard Berkowitz）的观点："专利战略是保证你能保持已获竞争优势的工具。"❹

国内对专利战略的研究相对于其他知识产权战略要成熟些。关于专利战略的定义，有以下代表性观点：专利战略是"从本单位的发展出发，运

---

❶ 李铁宁，罗建华. 企业知识产权战略文献综述 [J]. 山西科技, 2005 (6): 11-13.
❷ 斋藤优. 发明专利经济学 [M]. 谢樊正，等译. 北京：专利文献出版社, 1990: 5.
❸ 高桥明夫. 日立的专利管理（开拓企业未来的专利及其战略作用）[M]. 魏启学，译. 北京：专利文献出版社, 1990: 14.
❹ BERKOWITZ L. Getting the most from your patents[J]. Research Technology Management, 1993, 21(2): 26-31.

用专利这一武器，在技术竞争和市场竞争中谋求最佳经济效益，并能保持自己技术优势的谋略"。❶ 专利战略是"企业面对激烈变化、严峻挑战的环境，主动地利用专利制度提供的法律保护及其种种方便条件，有效地保护自己；充分利用专利竞争情报信息，研究分析竞争对手情况，推进专利技术开发，控制专利技术市场，为取得专利竞争的优势，为求得长期生存和不断发展而进行的总体性谋划"。❷ 专利战略是"运用专利手段寻求市场竞争有利地位的战略"。❸ 专利战略是"与专利相联系有法律、科技、经济原则的结合，用于指导在经济与科技领域的竞争，以谋求最大利益，与专利相联系的法律、科技、经济原则的具体运用，可用于指导判断具体的各个专利战略实施方案以实现专利战略的目标"。❹ 专利战略是"通过专利制度把握科技与经济的发展趋势，及时制定和调整科技经济发展战略，灵活运用专利这一有力武器，积极采取战略防御和主动出击相结合的方式在充满激烈竞争的国际市场上争得优势地位，从而迅速而直接地发展本国经济"。❺ 以上是冯晓青教授在一篇文章中对于我国目前相关论述的总结，基本概括了目前国内关于专利战略的看法。周勇涛等认为，"在动态环境下企业为了获取竞争优势，改变战略目标，对专利战略的组织、内容、状态和组合形式不断调整，对相关资源不断重新配置，以匹配环境变化的战略管理活动。"❻ 近期的文献对专利战略定义也有提及，如"企业专利战略属于企业战略的一种，可以理解为企业利用专利制度为自身发展提供法律保障，促进企业科技创新，并不断控制技术市场，最终达到在市场竞争中长久生存。"❼ 任鹏对通过对专利战略的层级分析总结出了专利战略的层级结

---

❶ 戚昌文，邵洋. 市场竞争与专利战略 [M]. 武汉：华中理工大学出版社，1995：2.
❷ 郑寿亭. 企业专利管理与战略. 北京：专利文献出版社，1991：24-25.
❸ 陆新明. 专利战略定义研究 [J]. 知识产权，1996（5）：12-15.
❹ 林莉. 专利战略的制定与实施 [N]. 中国专利报，1998-8-5.
❺ 孙书玲. 企业专利战略的基本构型及其实施 [J]. 情报业务研究，1993（2）：34-36.
❻ 周勇涛，朱雪忠，文家春. 专利战略变化：内涵、时空范围与类型化 [J]. 科学学与科学技术管理，2009，30（12）：20-24，54.
❼ 赵彤. 国内外企业专利战略分析 [J]. 中国科技信息，2020（22）：22-23.

构，总结了各层级专利战略的特性。[1]

上述关于专利战略的定义各有其优点和特色，但从界定概念的要求看，又各有其不足之处：有的表达过于冗长；有的虽然简洁，但有循环定义之嫌，这都是赋予定义时应忌讳的。综观国内外对企业专利战略的定义，主要强调三层含义：①企业专利战略要合理合法地运用专利制度的法律保护；②专利战略的制定和实施旨在提高企业的竞争优势，尤其是技术优势；③要从战略高度上谋划企业专利工作。

基于以上分析，本书认为专利战略是由专利制度的制约和企业战略管理的需要派生而来的，其制定与实施旨在独占市场，获得、维持、扩大市场竞争优势。因此，专利战略的定义可界定为：专利战略是为获得与保持市场竞争优势，运用专利制度提供的专利保护手段和专利信息，谋求获取最佳经济效益的总体性谋划。至于企业专利战略的概念只需将上述概念主体适用于企业即可。综合各家之言，并从本书的实际情况出发，本书将企业专利战略界定如下：企业专利战略是指在专利竞争情报收集和分析的基础上，为获取和维持企业的技术竞争优势，而制定技术研究开发决策、专利申请、专利实施、专利引进或转让等一系列与专利相关的工作的总体性谋划。

二、企业专利战略的分类

按照不同的标准，企业专利战略可以分为不同的类型。

按照进攻态势，可以将企业专利战略分为企业进攻型专利战略、企业防御型专利战略和企业混合型专利战略。企业进攻型专利战略是指企业积极主动地将开发出来的技术及时申请专利并取得专利权，利用专利权保护手段抢占市场。企业防御型专利战略是指企业在市场竞争中受到其他企业或单位的专利战略进攻或者竞争对手的专利对企业经营活动构成妨碍时，

---

[1] 任鹏. 专利战略的层级分析 [J]. 竞争情报，2019，15（2）：11-16.

所采取的打破市场垄断格局、改善竞争被动地位的策略。❶ 企业混合型专利战略是指将进攻和防守两种专利战略混合使用，以形成企业技术竞争优势的战略。按照专利战略实施所用的手段，可将企业专利战略分为专利的法律战略、专利的技术战略、专利的信息战略。❷

徐家力认为企业专利战略的研究以专利制度为依据，以专利保护、专利技术开发、专利技术实施、专利许可证贸易、专利信息和专利管理为主要对象，以技术市场为舞台，以获得最大经济效益为目的，涉及政治、经济、法律、技术、生产、经营、贸易、信息、知识产权等各个方面。企业专利战略的划分方式有以下两种较为典型：①按专利法律状态和专利工作一般过程划分。根据专利的申请、审查和授权三种法律状态，可分为专利申请战略、专利保护战略、专利排除战略；根据专利技术的取得方式，可分为专利技术研究开发战略、专利技术引进战略；根据对专利的利用方式，可分为专利实施战略、专利许可战略、专利转让战略等。②按应对市场竞争的战略实施方式划分可分为进攻型专利战略、防御型专利战略。常用的进攻型专利战略有基本专利战略、外围专利战略、专利出售战略、专利收买战略、专利回输战略等。常用的防御型专利战略有取消对方专利战略、绕开专利技术战略、交叉许可战略、技术公开战略、有偿转让与许可战略等。❸ 企业专利战略在某个运行阶段，重心也会发展变化，周勇涛等提出了四种企业专利战略变化的类型：基于专利战略态势变化的专利战略变化类型，跃迁型专利战略变化，渐进型与革命型专利战略变化，内容型与过程型专利战略变化。❹

本书按照专利申请、实施、转化过程，将企业专利战略分为专利信息调研战略、专利开发战略、专利申请战略、专利实施战略、专利防卫战略。

---

❶ 冯晓青. 企业知识产权战略 [M]. 2版. 北京：知识产权出版社，2005：4.
❷ 肖洪. 论企业竞争力与企业专利战略. 情报科学，2004，22（8）：951-954
❸ 徐家力. 略论中国企业的专利战略 [N]. 光明日报，2006-2-1.
❹ 周勇涛，朱雪忠，文家春. 专利战略变化：内涵、时空范围与类型化 [J]. 科学学与科学技术管理，2009，30（12）：20-24，54.

三、企业专利战略体系

本书中构建的企业专利战略体系包括专利信息调研、专利开发、申请、实施和防卫五个大类的战略。

（一）企业专利信息调研战略

专利信息调研是企业专利战略成功实施的基础和前提。对专利信息的开发利用可获得竞争所需的市场情报、技术情报及战略情报。[1] 专利信息调研战略主要包括以下三种：

（1）专利信息调查战略。专利信息是企业了解竞争对手技术动向和战略核心的有力工具。专利信息调查战略是专利信息开发利用的基石，具体的调查内容包括技术动向调查、专利性调查、公知性情况调查、法律状态调查、同族专利调查、特定竞争对手专利监视等。专利信息调查的主要工具是专利文献，也可以利用重要的科技刊物、专著、手册等非专利文献。该战略适用于大多数企业。

（2）专利信息数据库建设战略。专利信息数据库建设为专利战略成功实施提供了情报保障。专利信息数据库既要包括本企业的专利信息，也要包括行业专利信息，尤其要包括主要竞争对手的专利信息；既要包括保护期内的专利信息，也要包括失效专利信息；既要包括转让专利信息，也要包括引进专利信息。专利信息数据库建设战略适用于专利数量多、财力雄厚、竞争激烈的大型企业，一般的中小企业不需要建设专门的专利信息数据库。

（3）专利信息服务网络战略。专利信息服务网络战略是指通过 Intranet、Extranet、Internet 为企业的决策、科研、管理人员提供专利信息情报的网络服务战略。该服务网络既可以提供一般性的专利信息简报，又可以

---

[1] 肖洪. 论企业竞争力与企业专利战略 [J]. 情报科学, 2004, 22 (8)：951-954.

提供有针对性的专利研究报告；既可以利用本企业建设的专利信息数据库，也可以利用外部专利信息数据库。专利信息服务网络战略尤其适用于子公司众多的大中型企业。

（二）企业专利开发战略

专利竞争首先表现为专利的开发。企业应根据自身的技术研发实力、资金投入、资源设备等条件，制定行之有效的专利开发战略。专利开发战略可以分为开拓型技术开发战略和追随型技术开发战略两种。

（1）开拓型技术开发战略。开拓型技术开发战略将目光着眼于未来，是主要研究开发对未来技术发展有重大影响的、基础性的技术的策略。开拓型技术开发战略适用于研发力量强大、资金实力雄厚的企业，其研究成果将导致技术上的重大突破，并可能成为未来发展的核心技术，由此申请的专利将成为基本专利。

（2）追随型技术开发战略。追随型技术开发战略是指对已有专利进行改进或对基本战略进行应用开发的技术开发战略。追随型技术开发战略适用于大多数技术实力相对薄弱的企业，其研究成果多为改进专利、应用专利等外围专利。

（三）企业专利申请战略

专利申请战略包括基本专利战略、专利网战略、抢先申请战略、分散申请战略、绕开对方专利申请战略等。

（1）基本专利战略。基本专利战略是企业基于对未来发展方向的预测，为保持自己新技术、新产品竞争优势，将其核心技术或基础研究作为基本专利来保护，并控制该技术领域发展的战略。❶ 其中基本专利是指企业拥有的基础性、先导性的核心技术专利或主体技术专利。一般来说，拥有强劲的技术研究开发能力和雄厚资本的企业往往采用此战略。

---

❶ 冯晓青. 企业知识产权战略 [M]. 2版. 北京：知识产权出版社，2005：4.

(2) 专利网战略。专利网战略又称"外围专利战略",是指企业围绕基本专利技术,开发与之配套的外围技术并及时申请专利,获得专利权的一种战略。❶ 按照基本专利的拥有权,专利网战略可以分为围绕自己的基本专利形成专利战略网和围绕他人拥有的基本专利形成专利网战略两种类型。围绕自己的基本专利形成的专利网战略,可以最大限度地保护核心技术,维护自己的垄断地位。围绕他人的基本专利形成的专利网战略,是非基本专利拥有企业突破基本专利垄断,改变被动局面的有效战略。

(3) 抢先申请战略。抢先申请战略是指对影响未来企业发展或预期内可以取得的专利,要及早申请,尽快获得专利权。对于一项新技术,可能有不少企业同时进行着研究开发,研发进程相似而能够抢先申请到专利的企业,就会产生明显竞争优势。

(4) 分散申请战略。分散申请战略是指企业在出现开拓性或者有重大改进性的发明创造时,先在总方向上申请基本专利,然后再将基本专利派生出的不同分支发明创造以隐蔽形式申请专利的策略。分散申请战略可以迷惑竞争对手,使竞争对手难以收集专利竞争情报。通常可以采取申请人变换、隐蔽性申请撰写等手段。

(5) 绕开对方专利申请战略。绕开对方专利申请战略是指在涉及竞争对手专利的反控制时,企业在研究竞争对手专利的基础上,改变或放弃竞争对手专利的独立权利要求中的某一个或者某一些必要技术特征的专利申请策略。通常可以采取省略部件法、使用新材料法、改进技术原理等手段。

(四) 企业专利实施战略

专利只有通过实施应用,才能转变为现实生产力,才能为推动经济发展。专利实施战略是指企业为获取利润而使用、转让、引进专利技术的战略。专利实施战略主要有以下几种:

(1) 独占实施战略。独占实施战略是指本企业独自实施自身企业开发

---

❶ 冯晓青. 企业知识产权战略 [M]. 2版. 北京:知识产权出版社,2005:47.

的专利技术，不对外转让或许可他人实施使用的战略。独占实施战略旨在独占市场。

（2）交叉许可战略。交叉许可战略是指企业间以专利技术作为合同标的进行互相许可实施的战略。交叉许可战略通常在企业间的专利比较接近而专利权的归属又错综复杂或相互依存的情况下适用。互相许可的专利可以价值相当，也可以不相当，当价值不等时，一方可以对另一方进行补偿。

（3）专利共享战略。专利共享战略是指企业为了尽快推广利用自己获得专利权的技术，通过自愿允许其他厂家无偿使用以达到获得消费者认同的战略。由于专利权是一种垄断权，因此专利共享战略只是一种在特定情况下才有必要实施的专利战略，它一般适用于技术先进但一时难以推广、难以在市场中取得普遍认可的专利技术产品。❶

（4）专利收买或引进战略。实施专利收买和引进战略的企业均通过购买其他企业或个人的创造发明来进行产品生产经营。但两者的使用对象有所差别，目的也不尽相同。专利收买战略是指企业通过从发明人或其他企业购买专利权达到独占市场的战略，适用于财力雄厚的大型企业。专利引进战略适用范围广，只要是引进的专利技术有益于企业的经营发展，无论公司大小、财力雄厚与否，都可以引进所需的专利。

（5）专利有偿转让战略。专利转让战略是指企业将专利权作为商品进行有偿的所有权转让或使用权许可战略。该战略既适用于实力雄厚、拥有专利数量多的大企业，也适用于不拥有实施专利技术的力量薄弱的小企业或个人发明家。

（6）专利回输战略。专利回输战略是指企业在引进某一专利技术后，对其进行研究、消化、吸收和创造，将改进、创新了的技术再以专利的形式卖给原输出国或输出企业的战略。日本是专利回输战略运用得十分成功的国家。

（7）失效专利利用战略。失效专利利用战略是指对临近到期或要提前

---

❶ 冯晓青. 企业知识产权战略 [M]. 2版. 北京：知识产权出版社，2005：4.

失效的专利进行二次开发,加强原有技术优势的战略。对于失效专利的拥有企业,要注意后期开发,稳固并加强原有的技术优势。对于不拥有失效专利而又有一定的相关技术研发能力的企业,要借此良机加大二次开发力度,获取新的技术优势。

(8) 专利和商标相结合战略。将专利和商标相结合,是提供企业的知名度和竞争优势的重要途径之一。大体来说,专利和商标相结合战略包括四种情况:①专利与商标搭配战略;②专利与商标交换战略;③商标实施的专利战略;④利用商标承接专利垄断权战略。❶

(五) 企业专利防卫战略

企业专利防卫战略是指企业为应对竞争对手而利用专利捍卫自身利益的战略。企业专利防卫战略主要包括专利诉讼战略、取消对方专利权战略、文献公开战略、证明先用权战略、撤销专利权战略、主动和解战略等几种类型。

(1) 专利诉讼战略。专利诉讼战略是指企业利用法律赋予的专利保护权利,及时向司法机关对侵犯其专利权的企业提起诉讼,迫使对方停止侵权、支付赔偿的战略。随着国际技术贸易的频繁开展及其对知识产权的日益重视,专利诉讼战略越来越成为企业排挤竞争对手、维持竞争地位的重要手段。

(2) 取消对方专利权战略。取消对方专利权战略是指企业利用专利法赋予的权限,利用竞争对手专利上的漏洞、缺陷或不符合专利条件的情况,请求宣告对方专利权部分或全部无效的策略。主要考察专利说明书对技术内容公开的充分性、权利要求是否以说明书为依据、专利说明书修改是否超出原申请公开范围、申请专利是否符合专利的"三性"等方面的情况。

(3) 文献公开战略。文献公开战略是指企业认为没有必要取得其所开

---

❶ 冯晓青. 企业知识产权战略 [M]. 2版. 北京:知识产权出版社,2005:108.

发的技术专利权，但又担心其他企业取得该技术的专利权会给本企业带来威胁时，采取的抢先公开技术内容的战略。文献公开的目的是阻止他人获取专利权，美国的 IBM 从 1950 年至今每月自行出版技术公报，其中公开了大量未申请专利的技术信息。另外，美国专利商标局公报中有一专栏名为《防卫性公告》，专门刊登这类信息，日本的《公开技报》、英国的《研究公开》也均属刊登此类信息的刊物。

（4）证明先用权战略。证明先用权战略是指企业在受到起诉时，证明在原告申请专利前已做好专利实施准备，甚至已在使用该方法制造产品，并仅在原有范围内制造或使用的战略。

（5）撤销专利权战略。撤销专利权战略是指企业在获取专利授权后，发现侵犯他人专利权时，主动请求撤销专利权，避免发生专利纠纷的战略。

（6）主动和解战略。主动和解战略是指在企业确实侵犯他人专利权时，通过赔偿或补签实施许可合同等方式主动向对方求和的战略。国外企业家均十分重视主动和解战略。

按照上述分类，本书构建了如表 2.1 所示的企业专利战略体系。

表 2.1　企业专利战略体系

一级战略	二级战略
专利信息调研战略	专利信息调查战略
	专利信息数据库建设战略
	专利信息服务网络战略
专利开发战略	开拓型技术开发战略
	追随型技术开发战略
专利申请战略	基本专利战略
	专利网战略
	抢先申请战略
	分散申请战略
	绕开对方专利申请战略

续表

一级战略	二级战略
专利实施战略	独占实施战略
	交叉许可战略
	专利共享战略
	专利收买或引进战略
	专利有偿转让战略
	专利回输战略
	失效专利利用战略
	专利和商标相结合战略
专利防卫战略	专利诉讼战略
	取消对方专利权战略
	文献公开战略
	证明先用权战略
	撤销专利权战略
	主动和解战略

四、企业专利战略的特性

制定企业专利战略应主要从技术、经济和法律多方面进行考虑。专利是集技术、经济、法律于一体的具有独占权的一种形态。相应地，企业专利战略的制定也要从这三方面结合企业自身情况加以考虑。就技术方面的原则而言，企业必须注重专利文献情报，分析、了解同类产品专利状况、技术水平，通过对专利文献情报的分析，了解技术发展现状和趋势，以便确定本企业将来的技术研究发展方向。企业还应当通过技术情报、技术预测，确定专利技术投资决策。就经济方面的原则而论，企业应通过研究专利文献等公开资料，明确竞争对手市场占有状况、专利技术市场覆盖面及其他企业在产品和技术市场上的战略意图。就法律方面的原则而言，企业在制定专利战略时应利用专利文献情报充分了解相关技术的法律状况，特别是专利保护状况。对其他企业专利竞争采取防御对策时，这方面工作更显重要。至于企业专利战略的制定要符合法律特别是专利法的要求，这是必要的基本条件。

因此，企业在制定专利战略时，要注意专利战略最主要的几个特征：①目的性。专利战略是为企业适应未来环境变化而具有革新性质的对策，它不是为了维护企业的现状，而是为了创造企业的未来。②法律性。专利战略具有法律性特征。第一，专利权是一种知识产权，具有依法确认的特点。作为依托于专利制度的专利战略，其制定和实施都必须受到法律规范特别是专利相关法律规范的制约。第二，专利法有效地保护了专利技术资源的开发利用与优化配置，可靠地保障了企业专利战略目标的实现。③技术性。专利来源于技术发明创造。专利战略的客体就是专利技术。专利战略的制定、实施无不与专利技术紧密联系。同时，企业专利战略种类繁多，其制定、实施和应用技术性很强，涉及数据整理、文献计量、统计分析和专业知识等多方面内容，因此，专利战略具有很强的技术性特征。④综合性。专利集经济、技术、法律三位于一体，具有很强的综合性，必须通过协调企业各部门互相配合，才能实现企业专利战略的目标。⑤地域性和时间性。企业专利战略的地域性、时间性特点是由专利权的地域性、时间性决定的。第一，企业在制定和实施专利战略时，应考虑产品市场而选择申请专利的国家和专利权的授权国家。第二，专利权有一定的时间限制，超过期限的专利不受法律保护，因此当与某一专利战略相应的专利权期限届满或者因故提前终止，相关的专利战略就应及时调整。❶

第二节 竞 争 情 报

竞争情报（Competitive Intelligence, CI）作为一种独立的专业化活动，已走过十几年的历程，国内外的竞争情报活动在理论上和实际应用中都得

---

❶ 冯晓青. 企业专利战略若干问题研究 [J]. 南京社会科学, 2001 (1): 53-58.

到了不同程度的深化与提升。竞争情报活动是企业传统情报工作的补充与发展，竞争情报理论也在实践基础上得以不断拓展，并出现了与其他学科相融合的趋势。

战略管理的核心是战略决策，战略决策是在根据企业的宗旨和目标，在对企业的内部优势和薄弱环节、外部威胁和市场机会进行系统化分析基础上制定的。在这一过程中，需要大量的竞争情报。竞争情报的目的是向企业的管理人员描绘出一个全面的、动态的竞争环境的图景，以使企业充分地、准确地估计自身的竞争能力、竞争对手的实力和外部环境所蕴藏的各种机会和威胁，从而制定和实施正确的竞争战略，创建和保持持久的竞争优势。从这个意义上说，竞争情报是战略管理的基础，无论是战略的制定，还是战略的实施和评价，都需要对企业的竞争环境、竞争对手和竞争战略进行基于信息的搜集、研究和分析。本节将在战略管理理论框架下对竞争情报的4个基本方面予以评述。

一、竞争情报的概念与发展

（一）竞争情报的概念

"竞争情报"，在联合国工业发展组织（UNIDO）一份文件中对竞争情报是这样描述的："对于一个企业来说，外部环境的任何变化，包括技术、经济、政治等因素，都可能对企业的利益及其生产产生重大影响，如果能通过搜集了解早期的预警信号，发现并预知这些可能的变化，就可以利用所剩余的时间，提前采取相应的措施，避开威胁，寻求新的发展机遇。这一系列智能活动称为竞争情报研究。"❶ 这一概念关注到了社会环境，认为其是竞争情报的来源，并阐明竞争情报的作用，将相关活动称为"智能活动"。

---

❶ Society of Competitive Intelligence Professionals. Alout SCIP[EB/OL]. (2005-11-7) [2009-07-15]. http://www.scip.org/content.cfm? itemnemlei=2214&navItemNumlei=492.

美国竞争情报从业者协会认为，竞争情报是一个过程，在此过程中，人们用合乎职业伦理的方式收集、分析和传播有关经营环境、竞争者和组织本身的准确、相关、具体、及时、具有前瞻性及可操作性的情报。❶

情报学家拉里·康纳（Larry Kahaner）将竞争情报定义为收集和分析关于竞争对手行为和总体商业趋势以达到企业自身目的的系统程序。❷

我国情报专家缪其浩认为，竞争情报既是一个产品，又是一个过程。作为产品，它是一种信息，这种信息必须是：①关于组织外部及内部环境的；②专门采集得来、经过加工而增值了的；③为决策所需的；④为赢得和保持竞争优势而采取行动的。作为一个过程，则是生产上述信息，并使之运用于组织竞争决策的整个过程。❸

王曰芬认为，竞争情报是指为达到竞争目标收集竞争对手和竞争环境的信息并转变为情报的系统化过程。这一过程的目的是向企业的管理人员描绘出一个全面的、动态的竞争环境图像，以使企业充分地、准确地估计自身的竞争能力、竞争对手的实力和外部环境所蕴藏的各种机会与威胁，从而制定和实施正确的竞争战略，创建和保持持久的竞争优势。❹

竞争情报较通常的定义是：关于竞争环境、竞争对手和竞争策略的信息和分析，它既是一个过程，也是一种产品。过程，包括对竞争信息的收集和分析；产品，包括由此形成的情报或谋略。❺

综上所述，可以认为，竞争情报是对整体竞争环境和竞争对手的一个全面监测过程，一般指搜集、处理、分析和利用反映竞争环境和竞争对手的各要素和事件的状态、变化及其相互联系的数据或信息的过程。具体地说，竞争情报是用合法和道德的手段，通过长期系统地跟踪、收集、分析

---

❶ Society of Competitive Intelligence Professionals. Alout SCIP[EB/OL]. (2005-11-7) [2009-7-15]. http://www.scip.org/content.cfm? itemnemlei=2214&navItemNumlei=492.
❷ KAHANER L. Competitive Intelligence[M]. New York：Simon & Schuster. 1996：16.
❸ 缪其浩. 市场竞争与竞争情报 [M]. 北京：军事医学科学出版社，1996：56-58.
❹ 王曰芬，臧强. 企业战略管理与竞争情报 [J]. 情报科学，2001 (1)：9-10, 17.
❺ 包昌火. 加强竞争情报工作，提高我国企业竞争能力 [J]. 中国信息导报. 1998 (11)：33-36.

和处理各种可能对企业发展、决策及运行产生影响的信息,最终提炼出本企业及主要对手企业在市场竞争中的优势、劣势和机会的关键情报,从而帮助企业各职能部门,如战略规划、投资与购并、研究与发展、市场营销等部门的管理者们,在信息充分的条件下做出决策。

在当今的市场环境下,企业无论大小,都必须对竞争对手和竞争环境的变化进行监视,即使这些企业并不知道这就是竞争情报的工作内容。事实上,通过搜索公开出版物、实时监视网络及多种媒体,与客户、供应商、合作伙伴、本企业及对手企业的员工、行业专家、行业组织进行访谈,获取相关信息并将其有序化、条理化,从而预测对手的现行状态、未来目标及市场的发展趋势,这就是竞争情报的真谛。据此与本企业现行的发展战略与策略进行比较,并及时修正其中的不合理之处,这就是竞争情报对企业战略管理的贡献。

通过合法手段收集和分析竞争中有关商业行为的优势、劣势和机会的信息,改善企业的总体经营绩效、发现潜在的机会和问题、提示竞争对手的战略。竞争情报主要有三大作用:一是充当企业的预警系统;二是充当企业的决策支持系统;三是提高企业的竞争力。

(二) 竞争情报的发展

早在20世纪五六十年代,竞争情报的概念与手法分别由美国、日本研究人员与企业提出并率先应用。美国是现代竞争情报研究和咨询的发源地,国际著名的竞争情报组织——竞争情报专业协会(Society of Competitive Intelligence Professionals,SCIP)的总部目前就设在美国。早在1986年,美国便成立了竞争情报专业协会,并拥有2500多名会员,还出版了《竞争情报评论》和《竞争情报专业协会新闻》。竞争情报作为一门学科,从理论、方法、技术、应用方面被加以研究,并由专门的行业性机构(如竞争情报专业协会)在全球范围内加以推广,受到越来越多大型跨国公司的重视,如施乐、GE、IBM、摩托罗拉等公司都建立了自己的竞争情报部门。据统计,美国《福布斯》杂志公布的全球500强企业名单中,前

100名及美国国内90%以上的公司均拥有自己的竞争情报机构，建立了较为完善的竞争情报系统。竞争情报系统对企业的贡献率呈逐年增长的趋势。

国外的实践证明，企业在竞争情报方面的投入相当划算。竞争情报在20世纪七八十年代为日本在家电与汽车领域全面赶超美国立下了汗马功劳。美国充分利用信息技术，利用大数据分析与数据库众多的优势，在研发、知识产权等部门融入竞争情报，使其制药、生物等知识密集型企业保持领先优势。[1]

在国内，竞争情报的概念是在20世纪80年代初被引入中国的。1991年，中国兵器工业情报研究所牵头进行了一项课题——"情报研究的国内外比较研究"，提出把我国情报研究工作的重点转向竞争情报。上海科技情报研究所于1993年12月完成了"上海轿车行业竞争环境监测系统"的课题研究，是首次由地方政府立项的竞争情报课题。1994年1月，我国成立了中国科技情报学会情报研究暨竞争情报专业委员会，以此为基础，1995年4月正式成立了中国科技情报学会竞争情报分会。1995—1998年，北京市政府实施了竞争情报示范工程，对多家北京市属企业开展了竞争情报的咨询服务项目。进入21世纪，中国竞争情报研究发展十分迅速，随着我国市场经济体制建设的逐步完善，国内各行各业的企业竞争情报需求逐渐显现。以2001年在北京召开的"新世纪知识管理与竞争情报专题讲座暨研讨会"、2002年在厦门召开的"我国入世与竞争情报"、2003年在珠海召开的"构筑竞争优势：竞争情报与战略管理"的学术研讨会为标志，我国竞争情报研究全面展开。同时，华为、中兴、海尔、方正等中国企业的竞争情报工作也开展得如火如荼，为其海内外拓展贡献巨大。结合包昌火、谢新洲、王知津、刘玉、沈固朝等学者论述，我国的竞争情报发展经历了"数据收集""竞争对手分析""竞争情报""国

---

[1] 柯健等. 国外竞争情报实践进展与实践 [J]. 情报理论与实践. 2021, 44 (10)：202-210.

家竞争情报"4个阶段（如表2.2）。

表2.2 竞争情报的发展阶段

特征		阶段			
		竞争数据收集	行业及竞争对手分析	竞争情报	国家竞争情报
时间段		1980年以前	1980—1987年	1988—2000年	2001—2022年
重要事件		分散竞争情报活动	社会竞争情报专业出现	《竞争情报评论》创刊	设立竞争情报课程
性质	成熟度	非正式	开始出现正式部门	正式部门	正式和非正式结合
	导向	战术	战术	混合	战略
	分析	几乎没有	少量定量分析	定量与定性相结合	强调定性分析
与决策的联系		没有或很弱	联系很弱	联系很强	直接产出
高层重视程度		很低	有限	中等	很高
情报人员地位		图书馆/销售人员	计划/销售部门	营销/计划/竞争情报部门	竞争情报部门/决策与计划部门
关键因素		1. 开发信息获取的技能 2. 为竞争情报建立商业案例 3. 间谍形象 4. 发展分析技能	1. 展示实际输入 2. 需求与供给驱动的竞争情报 3. 反竞争情报 4. 国际竞争情报 5. 技术竞争情报	1. 并行管理 2. 国际情报基础设施建设 3. 将获取竞争情报作为学习过程 4. 网络分析	1. 战略性竞争情报 2. 竞争情报系统与决策支持系统

资料来源：本研究根据"包昌火，谢新洲. 竞争情报与企业竞争力，北京：华夏出版社，2001；王知津. 竞争情报. 北京：科技文献出版社，2005；刘玉. 第二十七届中国竞争情报年会纪实 [J]. 竞争情报，2022, 18（1）：61-63；陈煦. 盘点2021竞争情报 [J]. 竞争情报，2022, 18（1）：46-50"整理

二、竞争情报分析方法与处理技术

竞争情报是直接服务于企业决策的战略信息，其分析与处理必须要做到高效、快速、准确、全面。因此，需要一个庞大的方法体系来支撑其运作。下文总结一些主要分析方法与处理技术，力图描述其主体架构。

(一) 竞争情报的常用分析方法

1. 定标比超（Benchmarking）

定标比超分析法是指将本企业的经营管理各方面的状况与企业竞争对手或行业内外一流的企业进行对照分析的过程，它是一种评价自身企业和研究其他有关企业的一种手段，是将外部企业及竞争对手的经营成就和业绩作为自身企业的内部发展目标并将外界企业最佳做法移植到本企业经营中去的一种方法。

定标比超分析法的主要作用如下：

①做竞争对手的定标比超，有助于确定和比较竞争对手经营战略的组成要素。②通过对行业内外一流企业的定标比超，可以从任何行业中最佳的企业、公司那里得到有价值的情报，用于改进本企业的内部经营，建立起相应的赶超目标。③跨行业的技术性的定标比超，有助于技术和工艺方面的跨行业渗透。④通过对竞争对手的定标比超，与对客户的需求作对比分析，可发现本公司的不足，从而将市场、竞争力和目标的设定结合在一起。⑤通过对竞争对手的定标比超，可进一步确定企业的竞争力、竞争情报系统、竞争决策及其相互关系，作为进行研究对比的三大基点，大大增加了企业竞争情报应用研究的科学性和实用性。

2. SWOT 分析法

SWOT 分析法是指将与研究对象密切关联的各种主要的内部优势因素（Strengths）、弱点因素（Weaknesses）和外部机会因素（Opportunities）、威胁因素（Threats），通过调查分析罗列出来，并依照一定的次序按矩阵形式排列起来，然后运用系统分析的科学方法，把各种因素相互匹配起来加以研究，从中得出一系列相应的结论（最小与最小 WT 对策，最小与最大 WO 对策，最大与最小 ST 对策，最大与最大 SO 对策）。此方法是本着转化威胁因素、利用机会因素、克服不足因素、发挥长处因素、考虑过去、立足现在、着眼未来的基本思想，运用系统分析的综合分析方法。

该方法的主要作用如下：

WT：着重考虑内部不足因素和外部威胁因素，目的在于力求使这两种不利影响都趋于最小；WO：着重考虑内部不足因素和外部机会因素，目的在于力求使前者的不利影响趋于最小和使后者的有利影响趋于最大；ST：着重考虑内部长处因素和外部威胁因素，目的在于力求使前者的有利影响趋于最大和使后者的不利影响趋于最小；SO：着重考虑内部长处因素和外部机会因素，目的在于力求使两者的有利影响都趋于最大。

3. 财务分析法

财务分析法通过各种方法收集研究对象的财务报表，分析其经营状况、融资渠道及投资方向等情报。财务情报的收集有一定难度，但也有一些独特方式，如分析政府有关部门、行业协会、市场调查公司、上市公司中期报告和年度报告以及新闻报道等从中提取财务情报以资决策。应用财务分析法应注意的几个问题：报表的局限性；报表数据中无法以货币度量的因素；设定标准值的客观性；报表数据的偶发性和伪装性。

4. 专利分析法

专利分析法就是分析专利申请人在申请专利时的书面文件，它反映了申请人的技术水平、工艺路线、经营方向、市场战略等许多情报，其特点为：一种来源稳定的公开信息源；一种数量巨大、内容广泛的信息源；一种时间性很强的信息源；一种有国际统一著录项目的信息源；一种能直接反映科技发展和竞争的信息源；一种内容具体、详细的信息源。该方法的主要作用是：为新产品开发企业带来市场竞争优势；促进企业新产品开发竞争进入良性循环；为企业提供保护自己出击竞争对手的法律武器。

5. 因特网与数据库分析法

因特网与数据库分析法通过因特网和数据库可以了解竞争对手如下情

报：有关竞争对手的文章；同类产品的厂商情况；产品技术的专利情况；同行业的专家基本情况；本行业的发展前景和趋势。

（二）竞争情报的处理技术

竞争情报是直接服务于企业决策的战略信息，处理过程需要一个庞大的处理技术体系，本书有针对性地选取了数据挖掘技术、联机分析技术、信息融合技术和基于案例的推理技术加以分析。这些技术集中地体现了模仿人类思维的现代信息处理思想。❶

1. 数据挖掘技术

数据挖掘是从数据仓库中提取出可信的、新颖的、有效的，并能被人理解的模式的高级处理过程。所谓模式，可以看作是我们所说的知识，它给出了数据的特性或数据之间的关系，是对数据包含的信息更抽象的描述。数据挖掘发现的知识通常使用概念、规则、规律、模式、约束、可视化等形式表示。它们保存在应用系统的知识存储机构中，如专家系统、规则库等。数据挖掘包括以下过程：①熟悉应用领域的数据、背景知识，明确所要完成的数据挖掘任务性质。②根据用户要求，从数据库中提取与数据挖掘相关的数据，数据挖掘将主要从这些数据中进行数据提取。③数据预处理与转换，从与数据挖掘相关的数据集合中除去明显错误与冗余，进一步精简所选数据中的有用部分，并将数据转换为有效形式，以使数据开采更有效。④根据任务的要求，选择合适的数据开采算法（包括选取合适的模型和参数），在数据库中寻求感兴趣的模型，并用一定的方法表达成某种易于理解的形式。⑤模式解释，对发现的模式进行解释和评估，必要时需要返回前面处理中的某些步骤以反复提取。⑥知识评价，将发现的知识以用户能理解的方式提供用户使用。

---

❶ 王知津. 竞争情报 [M]. 北京：科学技术文献出版社，2005：191-204.

2. 联机分析技术

联机分析处理（Online Analysis Processing，OLAP），是 20 世纪 90 年代中期和数据仓库概念一起在企业的全体构造中提出的。OLAP 的核心是多维分析，是数据仓库分析的根本。根据 OLAP 产品的实际应用情况和用户对 OLAP 产品的需求，人们提出了一种对 OLAP 更简单明确的定义，即共享多维信息的快速分析。OLAP 具有以下性质：①快速性。用户对 OLAP 的快速反应能力有很高的要求。系统应能在 5 秒内对用户的大部分分析要求做出反应。如果终端用户在 30 秒内没有得到系统响应就会变得不耐烦，因而可能失去分析主线索，影响分析质量。对于大量的数据分析要达到这个速度并不容易，因此就更需要技术上的支持，如专门的数据存储格式、大量的事先运算、特别的硬件设计等；②可分析性。OLAP 系统应能处理与应用有关的任何逻辑分析和统计分析。尽管系统需要事先编程，但并不意味着系统已定义好了所有的应用。用户无须编程就可以定义新的专门计算，将其作为分析的一部分，并以用户理想的方式给出报告。用户可以在 OLAP 平台上进行数据分析，也可以连接到其他外部分析工具上，如时间序列分析工具、成本分配工具、意外报警、数据开采等；③多维性。多维性是 OLAP 的关键属性。系统必须提供对数据分析的多维视图和分析，包括对层次维和多重层次维的完全支持。事实上，多维分析是分析企业数据最有效的方法，是 OLAP 的灵魂；④信息性。不论数据量有多大，也不管数据存储在何处，OLAP 系统应能及时获得信息，并且管理大容量信息。这里有许多因素需要考虑，如数据的可复制性、可利用的磁盘空间、OLAP 产品的性能及与数据仓库的结合度等。

3. 信息融合技术

信息融合是利用计算机技术对按照时间顺序获得的多种观测信息在一定准则下加以自动分析、综合，以完成所需要的决策和估计任务而进行的信息处理过程。信息融合可以分为三层：数据层融合、特征层融合及决策层融合。数据层融合是直接在采集到的原始数据层上进行融合，在各种传感器的原始数据未经预处理之前就进行数据的综合和分析，是最低层次的融合；特征层融合属于中间层次，是对来自传感器的原始信息进行特征提取，并对特征信息进行综合分析和处理；决策层融合是一种高层次融合，最终为指挥控制决策提供依据，因此要求从具体决策问题的需求出发，充分利用特征层融合所提取的测量对象的各类特征信息，采用适合的融合技术来实现。

4. 基于案例的推理技术

基于案例的推理技术（Case-based Reasoning，CBR），是一种相似或类比的推理方法。基于案例推理是模拟人类类比思维的一种推理方法，其推理过程往往具有人类经验推理的一些特征。CBR 的基本过程是：当遇到一个新的问题时，系统根据关键的特征在原始的案例库中进行检索，找出一个与待求问题最相近的候选案例，重用此候选案例的解决方法。如果对此候选案例的解决方法不满意，可以对它进行修改以适应待求问题，最后把修改过的案例作为一个新的案例保存在库中，以便下次遇到类似的问题时作为参考。CBR 将案例作为知识元，知识获取和表示自然直接，并且具有自学习功能，其本质是基于相似性的类比推理，这符合人类类比思维的逻辑。CBR 有两种类型，即问题求解型和解释型。问题求解型侧重于对过去策略的匹配与修改，而解释型强调以旧案例对新案例作出评价与解释。无论哪一种，其推理过程均类似于人类经验类比推理，而且具有简化知识获取、通过直接获得提高求解效率、求解质量较高、适用于非计算推导的优点。因此，CBR 将是人工智能与专家系统设计的一种非常具有发展前景的方法。

三、竞争情报中的竞争对手分析

《竞争对手分析论纲》一文试图对众多的竞争对手分析方法建构具有方法论意义的竞争对手分析论纲，侧重论述了三维分析法、竞争对手分析流程和竞争对手分析软件，可为竞争对手分析技术的研究和应用提供思路和框架。❶ 企业界人士提出了竞争对手分析的一般方法、确定竞争对手分析的时间、市场、竞合和决策四个维度等新概念。❷ 作为一种特殊的方法，对竞争对手进行排序从而监视竞争对手也出现在学术界的视野。❸ 作为集大成者的专著，包昌火等编著的《竞争对手分析》对我国当前相关研究做了很好的总结与论述。❹

（一）三维分析法

为了促进对竞争对手分析的研究，包昌火等从另一视角，提出由市场、能力和时间三大关键因素构成的三维分析法（CMT分析法）。三维分析法的理论基础是市场结构理论和资源理论。市场结构理论侧重于首先识别市场需要，然后驱动公司想办法去满足这种需要，而资源理论侧重于在公司内部发展核心的能力和资源。这两种理论综合起来，为我们指出了企业战胜竞争对手、赢得竞争优势的两种途径：一种来自市场，另一种则来自企业内部的核心能力和资源。可采用这两种视角分析竞争对手所处的外部市场环境和内部资源、能力，我们便可以得出竞争对手在某一时点的"快照"。但是，仅考察这两个因素的竞争对手分析，还只是某一时点的"快照"，无法将竞争对手的历史、现实和未来包括进来，因此还需引入时间变量，这样就形成了能力（Capability）、市场（Market）和时间（Time）三维分析法，简称为三维分析法。换言之，如果把企业所处的市场环境看作是空间因素，那么三维分析法就是分析某一特定竞争对手在一定时空条件下的状态，这正是竞争对手分析的真谛所在。三维分析法为竞争对手分析提供

---

❶ 包昌火，谢新洲，李艳. 竞争对手分析论纲 [J]. 情报学报，2003（2）：21-32.
❷ 何洋. 企业战略决策中的竞争对手分析 [EB/OL].（2002-11-7）[2009-7-1]. http://manage.org.cn/zjarticle/Article_Show.asp? ArticleID=2321.
❸ 温金林，于英川. 监视竞争对手——对竞争对手进行排序 [J]. 情报学报，2001（5）：43-49.
❹ 包昌火，谢新洲. 竞争对手分析 [M]. 北京：华夏出版社，2003：45-66.

了分析框架，同时也可用于类分现有的几十种竞争对手分析方法。

1. 市场维的分析方法

竞争对手所处的市场环境，可以划分为三个层次：宏观、中观和微观。宏观市场环境包括政治、经济、社会、技术等大环境，中观市场环境即指产业环境，微观市场环境包括客户、战略联盟等小环境。

（1）宏观市场环境的分析方法。

在经济全球化的态势下，社会、政治、经济形势对企业战略的影响至关重要。

①政治及国家风险分析（political and country risk analysis）。

该方法用于评估企业在国外运作的风险类型（如资产、营运、盈利能力、人员等）与风险程度。假如企业的竞争对手属于跨国经营的公司，并且所属行业受所在国的政治、经济影响很大，如石油开采业，就可以考虑对其进行政治及国家风险分析。

②PEST分析。

该方法用于分析企业外部环境的变化对企业行为的影响。外部环境，系指政治（political）、经济（economic）、社会（social）和技术（technological）环境。

（2）中观市场环境的分析方法。

任何一个企业都处在具体的行业之内，因此中观市场环境对企业战略的影响是非常明显和直接的。

①五种力量模型（five forces model）。

描述推动企业竞争的五种基本力量指供方砍价能力、买方砍价能力、替代品威胁、进入威胁及现有竞争对手的竞争。

②产业细分化（industry segmentation）。

产业细分化用于分析一个产业内部分立的各个竞争层面其细化的标准通常是产品类别、购买者特征、销售渠道及地理划分。产业细分化是实施集聚战略的要求，对于那些目标广泛的竞争对手进行产业细分化分析，可以了解它们在各个产业细分上的表现,从而攻其薄弱之处,避免触其强势之处。另外,也可以尽量把不具有吸引力的细分产业留给竞争对手。

③产业情景分析(industry scenarios)。

产业情景分析可以用来对未来各种可能的产业结构进行内在连续的详细描述。一个产业情景就是一种对未来情况的内部连贯的看法,通过构造多种情景,企业能够系统地研究进行战略选择时不确定性可能带来的各种后果。

④战略组分析(strategic group analysis)。

战略组分析又称战略群组分析,是指某一产业中在某一战略方面采用相同或相似战略,或具有相同战略特征的各公司组成的集团。战略组分析可以对同质性企业进行品牌、技术、研发、质量、定价等方面的关键要素进行研究,从而明晰本群组与其他群组企业的差异。

⑤技术评价(technological assessment)。

技术评价用于掌握行业中技术上的关联及其变化,技术变革是竞争的主要驱动力之一。技术变革造就了许多大企业,特别是高技术企业。跟踪行业中关键的技术驱动力量,保持与之同步发展,即可以在技术上处于优势地位。

⑥专利竞争情报分析(patent analysis)。

专利竞争情报分析是指对来自专利说明书、专利公报中的大量的零碎专利信息进行加工及组合,并利用统计方法和技术使这些信息成为具有总揽全局及预测的功能。

(3)微观市场环境的分析方法。

对企业竞争态势最直接、最具体的影响当推企业所处的微观环境。因此,微观市场的分析是不可或缺的。

①利益相关者分析及基本假设评测(stake holder analysis and assumption surfacing testing)。

所谓利益相关者,一般是指公司的股票持有者或公司所有者,他们的利益和公司的收益有着直接联系,同时他们的一举一动也可能影响公司的利益。利益相关者分析及基本假设评测主要集中在持反对意见的利益相关者的评价上。因为持相同意见的利益相关者并不形成决策障碍。评价的方法一是识别持反对意见者,二是评估其反对的程度及是否可以转化等。

②客户满意度调查(customer satisfaction)。

客户满意度调查用于评估一个企业满足其客户需求的程度及怎样才能改进企业的产品及服务。客户对企业产品及服务的满意度决定着用户的品牌忠诚度,以及企业产品和服务的市场占有率,进而决定企业的盈利水平,同时也是指导企业改进产品及服务的重要参考指标。

③战略联盟(strategic alliance)。

战略联盟指在产业价值链中两个或两个以上企业间建立的长期合作关系(如合资、供销合同等)。它是联盟双方或多方通过企业间合作、共享、互补资源来增强彼此竞争力的一种方式。战略联盟能够减少分割某一给定市场的竞争对手数量,开发共同的技术标准和产品配置。

④市场信号分析(marketing signaling)。

市场信号分析指能提供竞争对手的意图、动机、目标或内部状况的任何行动直接或间接的暗示。市场信号主要包括以下几种形式:行动的提前宣告;在既成事实之后宣告行动或结果;竞争对手对产业的公开讨论;竞争者对自身行动的讨论和解释;竞争者宣告的策略与其可能采取的策略相比较;战略变更的最初执行方式;偏离过去的目标;偏离产业惯例;交叉规避;战斗品牌;反托拉斯诉讼等。

⑤多点竞争分析(multipoint competition)。

多点竞争分析用于探究形形色色的公司在几个市场相互竞争的状况。

2. 能力维的分析方法

企业的竞争优势,不仅来自对外部环境的把握和应对,而且更来自自身的资源和能力。各个公司的资源和能力是各不相同的,同一行业中的公司不一定拥有相同的战略资源和能力。因此,资源差异性和公司利用这些资源的独特方式就成为公司竞争优势的来源。分析竞争对手资源、能力的方法,可以划分为以下三种类型:用于单一业务过程的分析方法,如定标比超、价值链分析；单一和多元业务过程都可用的分析方法，如核心竞争力分析等；用于多元业务过程的分析方法，如业务组合分析等。

（1）用于单一业务过程的分析方法。

①定标比超。

定标比超将任何本企业业务活动（如售后服务）与从事该项活动最佳执行者进行比较，从而提出行动方案以弥补自身的不足。

②价值链分析和现场图（value-chain analysis and field maps）。

价值链分析和现场图用于分析一个企业的基本活动（指企业内外的后勤、运作、销售和服务）及支持性活动（包括公司基础设施、人力资源管理、技术开发和采购）。竞争者价值链之间的差异是竞争优势的一个关键来源。分析竞争对手的价值链，就是分析竞争对手的整个商业运作活动，从中形成对竞争对手的整体性了解，测算出竞争对手的成本，了解其竞争优势，从而制定相应的竞争战略，战胜对手。

（2）单一和多元业务过程都可用的分析方法。

①核心竞争力分析（corecompetence analysis）。

核心竞争力分析的目的是确定竞争对手独具特色的某项价值链活动，它既能够为竞争对手创造价值，又是可持续竞争优势的源泉。核心竞争力的形成有两种途径，一种通过掌握核心技术得以实现，另一种通过优化企业的业务流程得以实现。因此，核心竞争力的分析就是要找到企业的核心技术或优秀的业务流程。

②关键成功因素分析（critical success factors）。

关键成功因素分析方法分析一个企业为了获取成功必须充分关注的几种关键技能。

③反求工程（reverse engineering）。

反求工程指购买和分解竞争者的产品，从而了解其设计及构造原理，并估计出其成本及质量。

④财务报表分析（financial statement analysis）。

财务报表分析指对公司的短期运营状况和长期资金来源进行评估

⑤SWOT 分析。

SWOT 分析用于识别企业和竞争对手的优势、劣势、机会和威胁，找出影响成功的关键因素，提供可选择的战略。优势和劣势是对企业内部能力的总结和评价，而机会和威胁则是对企业外部竞争环境的综合和概括。

（3）用于多元业务过程的分析方法。

①业务组合分析（portfolio analysis）。

业务组合分析将总公司的各项业务按产业吸引力及竞争态势排列以帮助管理人员作出资源配置决策，并评估未来现金流量和获利前景。

②波士顿咨询集团产业矩阵（BCG industry matrix）。

BCG 产业矩阵基于企业取得竞争优势的潜在资源的数量及一个领先企业能够获得优势的大小来鉴定一个产业的吸引力。

③协同利益分析（synergy analysis）。

协同利益分析用于评价业务单元之间通过共享活动而实现的有形（原材料、生产、销售）和无形（管理诀窍、口碑）收益。有形收益一般是通过共享业务单元之间的价值链活动实现的。例如，两个业务单元之间相互销售彼此的产品时，他们是在共享双方的销售力量。无形收益则是通过从一个业务单元向另一个业务单元转让基本技能或管理特定类型活动的专有技术实现的。

3. 时间维的分析方法

了解过去，把握现在，从而赢得未来是进行竞争对手分析的根本目标。了解竞争对手的过去，能够发现其行为的演变过程；把握现在，是竞争情报活动关注的焦点；预测未来，赢得未来才是竞争情报最关注的目标。尽管无法搜集到对手未来战略的全部内容，但是通过对竞争对手行为的长期跟踪和对其管理人员的性格、阅历和目标的研究，可以推测出对手的未来战略。现将以时间作为重要考虑因素的分析方法归纳如下。

（1）竞争对手文档（competitor profile）。

竞争对手文档是对编辑、核实过的竞争对手原始信息按一定的标题组织成一种结构化列表的方法，它能够表现某一竞争对手在某一时间点上的"快照"。

(2) 管理人员文档（management profile）。

管理人员文档用于评价在整个公司或机构中作出战略决策的个人的目标、背景及性格。管理人员的阅历是判定其经营方向、对行业的认识及相应目标的关键，如他们从事过哪些产业及这些产业所特有的竞赛规则和战略方法，以及他们个人经历中所采取的或不曾采取的各类战略等都是重要的线索。高级管理人员所经历的重大事件也能影响其看法和战略选择。

(3) 产品生命周期（product life cycle）。

产品生命周期用于分析产品从引入市场，到成长期、成熟期以至衰退期所经历的四个阶段的变化过程。

(4) 经验曲线（experience curve）。

经验曲线可显示生产某种产品（或服务）的成本随着生产经验的增加而降低，这种成本降低贯穿整个产品生命周期。

(5) 以价值为基础的规划（value-based planning）。

根据竞争者可能的股票市场的财产和融资情况来评价战略及战略转移（这里的价值并非指我们常说的管理价值）。

至此，从市场、能力和时间三维对三十多种竞争对手分析方法进行了分类和归纳。在实际运用时，这些方法可分别用于企业不同层次的分析过程，如环境分析、战略分析、客户分析、财务分析、产品分析等。

(二) 竞争对手分析流程

坚持竞争对手分析方法与过程相结合是建立竞争对手论纲的重要原则。研究方法通常是指获取有关知识应遵循的程序，研究问题、解决问题的方法和手段的总和。因此，应当将方法和程序有机地结合起来。我国近半个世纪的情报研究的理论和实践，日本、欧洲、美国等地长期的竞争情报活动和探索都为竞争对手分析积累了丰富的实践经验和理论知识。为此，国内外都作过经典的总结。

在动态的竞争环境中，为了有效地对竞争对手进行跟踪与监测，需要有一个系统的程序，形成一套工作流程，以保证跟踪与监测工作的可操作性和可持续性。企业竞争对手跟踪与监测的基本程序一般由以下5个步骤组成（如图2.1所示）。每一个步骤并不是一定要连续进行，但作为一个整体过程，一般要包括这5个基本环节。

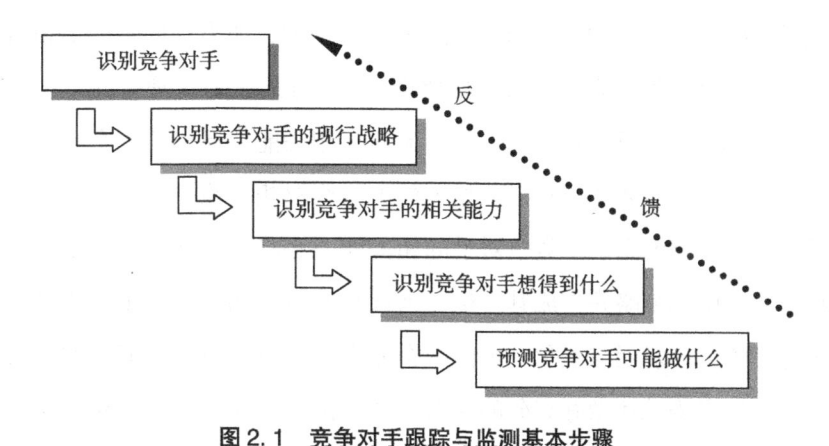

```
识别竞争对手
  ↓
  识别竞争对手的现行战略
    ↓                       反
    识别竞争对手的相关能力
      ↓                     馈
      识别竞争对手想得到什么
        ↓
        预测竞争对手可能做什么
```

图2.1　竞争对手跟踪与监测基本步骤

资料来源：包昌火，谢新洲. 竞争对手分析 [M]. 北京：华夏出版社，2003.

第一，识别竞争对手。确定竞争对手是谁，也就是要在现在和未来的企业中、在本行业和相关的行业中，确定已经、正在和未来对本企业产生竞争的企业。识别竞争对手是竞争对手跟踪与监测的首要工作，只有做好识别竞争对手的工作，才能有效地对竞争对手进行跟踪与监测。一般而言，企业可将生产相同产品或替代产品的企业视为竞争对手。此外，由于环境的动态性与复杂性，企业间竞争的范围越来越广，所以企业在进行竞争对手分析时，应尽量把视野放得开阔一些，同时要密切关注行业的变化，尤其是来自潜在产品的替代者的威胁。

第二，识别竞争对手的现行战略。竞争对手跟踪与监测程序的第二步就是要深入把握与了解竞争对手的现行战略信息。在多数行业里，竞争对手可以分成几个追求不同策略的群体，我们称之为战略群体。战略群体指在某一行业里采取相同或类似策略的一群公司。确认竞争对手所属的战略群体将影响公司某些重要认识和决策。竞争对手的战略直接影响其运作市场的手段、方式及相关的各种决策。因此，在对竞争对手的跟踪与监测中，了解与把握竞争对手的现行战略信息是跟踪与监测的重点，是跟踪与监测基本程序模型中的核心步骤。

第三，识别竞争对手的相关能力。竞争对手的相关能力，是指影响和决定竞争对手竞争实力的能力，包括核心能力（研究开发能力、人力资本）、迅速反应能力（现金和设备储备）、适应变化能力（固定成本相对与变动成本情况、各职能领域适应变化能力）、持久耐力（现金储备、管理层的一致性、财务目标长期性）等。同时，相关能力还包括现有能力与潜在能力。跟踪与监测竞争对手的相关能力，获取相关能力信息同样是竞争对手跟踪与监测的重点。竞争对手的相关能力必将影响并最终决定竞争对手是否能实施其策略并完成其目标，因此跟踪与监测竞争对手的相关能力与核心竞争力的发展与变化，可使本企业充分了解竞争对手能力的发展趋势，为迎接竞争挑战做好充分的应对准备。同时，对竞争对手相关能力进行跟踪与监测时，可以从中发现和了解竞争对手能力的弱势所在。要注意发现竞争对手对市场或策略估计上的错误，如果发现竞争对手的主要经营思想有某种不符合实际的错误观念，或其能力与其战略不匹配，企业就可以利用这一点，出其不意，攻其不备。

第四，识别竞争对手想得到什么。竞争对手想得到什么，也就是竞争对手的目标所在。确定竞争对手的目标是什么，竞争对手在市场里找寻什么，竞争对手行为的驱动力是什么，竞争对手的目的是什么等问题，是跟踪、监测与识别竞争对手想得到什么步骤所要获得的基本信息。所有的竞争者都要为追求最大利润而选择适当的行动方案。但是，各个公司对短期利润和长期利润的重视程度各不相同，目标不同则相应的策略也会不同，所以在进行竞争对手跟踪与监测时，要了解竞争对手的目标及目标组合，这样就可知道竞争对手是否满足其目前状况，以及对不同的竞争行动的反应如何。公司还必须注意竞争对手用于攻击不同产品市场细分区域的目标。

第五，预测竞争对手可能做什么。以上四个步骤的跟踪与监测的目的是确定竞争对手应对市场变化的方式，如产品降价、新产品推出、出现替代品等一系列问题的应对方式。另外，竞争对手的企业文化、经营理念等也会影响各企业对市场变化的应对方式。如果企业能够了解竞争对手对市场变化的应对方式，那么就能很容易预测竞争对手的行动。

从以上竞争对手跟踪与监测的基本程序模型与竞争对手跟踪与监测模型中，我们可以了解到，竞争对手跟踪与监测是集竞争对手竞争情报收集与分析于一体的，是情报收集与分析的互动的结果。无论是在模型中的哪个环节，竞争情报的收集是基础，而情报分析则是关键。在竞争对手的跟踪与监测中，无论采用何种分析方法，在分析竞争对手的同时，也是对企业自身的剖析与评估。

竞争对手的跟踪与监测的目的是为企业的战略决策服务。动态环境中的竞争是一种动态博弈的过程，竞争对手之间根据自己对对手的理解，通过建立竞争对手的跟踪与监测反推机制，搜集对手的各方面情报，通过不断地反馈和修正来为本企业提供决策支持。

企业反推机制主要的内容包括：①假设竞争对手进入了本企业某个市场或改变了其的战略，本企业将如何反应？是否有具体反应预案？每种反应预案的详细情形又怎样？②在竞争对手针对本企业的行动做出反应之后，本企业该如何去应对？③继续下去的话，本企业又要如何做？

以上问题，实际上是要求企业运用对手跟踪与监测所获知的竞争情报，结合自己的目标、能力、认知和现行战略，就竞争双方之间的反应过程做一个渐进式的科学推理，逐步逼近现实中可能展开的一场真实竞争的可能结果。

四、竞争情报系统

（一）什么是竞争情报系统

从笔者所收集的有关竞争情报系统研究的资料看，对竞争情报系统概念的认识同中有异，异中有同，还没有一个统一概念，陈丽将目前的相关

研究分为以下几种表达方式。❶

竞争情报系统是企业为了竞争制胜的需要而设置的竞争情报搜集、加工、储存、分析、研究、管理和保障等因素相互联系的完整集合。

竞争情报系统，亦称战略信息系统，是面向企业竞争发展需要的新一代信息系统。它是从企业竞争战略的高度出发，通过充分开发和有效利用企业内外信息资源来提高企业竞争实力的信息系统，是运用现代技术支持或体现企业竞争战略为企业获得或维持竞争优势的信息系统。

竞争情报系统是指对反映企业内部和外部竞争环境因素或事件的状态、变化的数据进行收集、存储、处理和分析，并以适当的形式将分析结果（即情报信息）发布给战略管理人员的计算机系统，即基于计算机信息管理的竞争情报系统。

竞争情报系统是以人的智能为主导，信息网络为手段，以增强企业竞争力为目标的人机结合的竞争战略决策和咨询系统。

上述概念虽表述不同，但基本包含如下含义：竞争情报系统的目标是为企业竞争战略决策服务，它是增强企业竞争力的管理系统；竞争情报系统是建立在现代信息技术平台上，为现代信息技术所支撑的信息系统；竞争情报系统是以人的智能为主导的人机交互系统；竞争情报系统是企业知己知彼、百战不殆的预警系统；竞争情报系统是内外信息交流通畅的、动态的、开放性系统。

（二）竞争情报系统的运行模式

目前，企业竞争情报系统主要有以下几种运行模式。❷❸

集中模式：该模式设置一个情报中心，统一管理企业内部、外部的情报收集、加工、储存、提供等工作，即企业内部各职能部门所需要的信息统一由中心提供，同时，各部门因业务联系而得到的各类信息以统一的形

---

❶ 陈丽. 竞争情报系统研究综述 [J]. 图书馆学研究，2005（9）：87-89.
❷ 包昌火，谢新洲. 企业竞争情报系统 [M]. 北京：华夏出版社，2002：55-73.
❸ 王知津. 竞争情报 [M]. 北京：科学技术文献出版社，2005：86-93.

式向中心汇总。该模式适应企业统一管理结构的需要，便于建立以计算机管理为主的竞争情报系统，但该模式限制了各子系统的发展，也不能保持对用户市场和外部环境的动态跟踪，缺乏对企业机遇和需求的深入了解。

分散模式：与企业扁平化管理结构相适应，将整个系统由核心管理部门向操作部门、小组和用户转移。该模式适于职能部门的管理对象交叉很少的企业，便于发挥各部门因业务关系而能接触到来自各种特殊渠道的信息优势，同时使竞争情报系统能更紧密地联系客户。

重点模式：以使用竞争情报最频繁的职能部门作为竞争情报系统的核心而建立竞争情报系统。该模式的特点是既保留了传统意义的重要部门功能，又能将主体业务与竞争情报融为一体。比较适合于具有较强情报收集、处理能力的企业，如具有较强情报功能的营销部门、计划部门及研发部门的企业。

利益中心模式：将竞争情报系统的功能与企业的利润或收支平衡相联系，建立满足企业需要的独立利益中心。该模式使竞争情报系统打破传统的、反应迟钝的文化和心态，向富于创新、重视成本、反应灵敏的企业型组织过渡。该模式要求竞争情报部门主动了解决策者和各职能部门的情报需求，全力做好竞争情报工作。

（三）竞争情报系统的技术流派

以百度为首的搜索门户，以慧聪网为代表的专业服务公司，以及技术厂商，构成了企业竞争情报系统市场的三股力量。搜索门户拥有的品牌优势和搜索引擎技术基础，是其出击竞争情报市场的敲门砖；专业服务公司凭借其专注经营和特色技术，正在迅速崛起；技术厂商拥有大量的数据资源及数据分析系统，是重要的潜在竞争者，如来自国外的奥托姆（Atonomy）、凡克梯（Factiva），国内的拓尔思（TRS）等。

百度以搜索技术优势为支撑，积极发展和强化非结构化信息处理技术。百度从2002年4月开始做竞争情报系统，百度竞争情报系统主要定位于高端领域,针对大中型企业。百度竞争情报系统产品依照国内的竞争情报需求定制开发,融入了百度信息处理的核心技术,是一个全流程的产品,贯穿情报从采集、整理、分类、编辑到流转、服务、检索等各个环节。该系统不仅能够检索互联网信息,而且能够集成其他的信息源,如企业自身应用系统内的信息和企业外部数据库的信息。❶

慧聪网认为搜索与人工分析研究两手都硬才能有效完成竞争情报的个性化服务职能。慧聪网认为目前开发出的竞争情报软件主要的功能是公开信息的收集管理,比较薄弱的地方是分析环节,没有强大分析、策略研究功能的竞争情报软件,是无法为企业提供准确、详细的情报的。因此慧聪网注重数据分析能力的建设并取得了较大进展,其优势来自以下几个方面:第一,慧聪网掌握了搜索技术,保证了网络信息的时效性、全面性和准确性;第二,拥有十多年的各个行业信息服务的经验和资源;第三,产品线较为完备,包括从底层的信息采集到上层的信息分析咨询等服务;第四,研究人员对行业保持了较长时间的关注,具有相当的洞察力;第五,对平面媒体和网络媒体实行大规模的监测。❷

英国奥托姆公司以提供基于内容检索的信息操作系统为目标。奥托姆公司宣布进军中国的信息操作系统领域,以非结构化信息的处理为目标,致力于信息处理的高度智能化和自动识别功能。国内圈创国际旗下的赛迪数据在线已经开始利用这种名为奥托姆的技术为用户提出竞争情报系统解决方案。❸ 奥托姆的技术是一种基于内容检索的技术,它可以对信息中最主要的概念、信息进行自动的上下文环境总结和匹配。例如,如果检索与企鹅相关的信息,奥托姆的技术则不只是能获得含企鹅两个字的相关信

---

❶ 李子臣. 竞争情报系统的技术流派及其推广应用的障碍 [J]. 情报杂志, 2005 (4): 79-80, 83.

❷ 陈亮, 徐亚岚, 宋妍, 胡小娟. 市场需求引爆情报竞争搜索引擎厂商各打各的牌 [EB/OL]. (2005-1-14) [2011-7-1]. http://www.kmcenter.org/Article Show.asp? ArticleID=108. 2005-01-14.

❸ 王建锋. 开展竞争情报工作不过是为了避免吃惊 [EB/OL]. (2005-1-14) [2011-7-1]. http://industry.cci net.com/pub/article/c35_a97365_p1.htm.

息，而是能获得所有可能与企鹅相关的话题，如海洋等，此外还有相关的音频或者视频数据。

（四）竞争情报系统的结构

一般而言，竞争情报系统都包括竞争情报收集子系统、竞争情报分析子系统和竞争情报服务子系统。具有代表性的概念描述或观点有以下几个方面。

有的研究者认为，"企业竞争情报系统主要由业务运作系统和管理保障系统构成。业务运作系统主要由输入系统、转换系统和输出系统构成。管理保障系统主要由管理系统（通过实施 CIO 机制，对企业竞争情报的输入、转换和输出进行全面系统管理）和保障系统（通过制定实施目标责任制、约束机制和反馈机制，规范行为，保障系统运作方式上的灵活性，活动内容上的广泛性、多样性，各子系统间的互通和协作等组成。"[1] 也有研究者认为，"竞争情报系统是适应企业竞争态势的变化而出现的，它在许多场合只是通过网络联结起来的'虚拟信息系统'，其结构随企业竞争目标的变化而变化，同时，系统的结构必须与组织结构、业务流程及管理模式相适应，从传统信息系统'机械结构型'转向更适合市场竞争需要的'生物细胞型'，发展成为多元化的'蜘蛛网式神经网络'。竞争情报系统的内核是对企业现有技术和信息资源的集成，其外壳则是基于内联网的外联网和电子商贸网。"[2] 还有学者认为，"企业竞争情报系统以内联网为平台，做到组织网络、信息网络、人际网络相结合，先进性和实用性相结合，建立起以竞争环境、竞争对手和竞争策略的信息获取和分析为主要内容的具有快速反应能力的工作体系。简言之，竞争情报系统由三大网络（组织网络、信息网络、人际网络）、三个系统（竞争情报收集子系统、竞争情报分析子系统和竞争情报服务子系统）和一个中心（企业竞争情报中

---

[1] 沈丽容. 竞争情报：中国企业生存的第四要素 [M]. 北京：北京图书馆出版社，2003：45-47.

[2] 同[1]：47-48.

心）构成"。该观点反映了国际上关于竞争情报系统研究的最新进展。❶

（五）竞争情报系统研究趋势

本书对 2000 年到 2022 年 4 月的有关竞争情报系统的论文进行了搜索，在搜索的结果中将题名和关键词中都出现竞争情报的文献确定为高度相关文献，以此标准，选出高度相关文献 50 篇，经过分析，发现竞争情报系统的研究可以分为三个层次：第一层次是进行概念性的纯理论性研究，如数据库适应性分析，竞争情报系统的业务模式、系统模型及策略分析，以及研究竞争情报系统对企业信息化的影响。第二层次由理论研究向实际操作层面转变，主要内容是针对系统建设的研究，例如，利用数据仓库技术、Web 挖掘技术开发面向任务、面向对象的竞争情报系统。但这个层次的研究更多侧重于理想化的系统建设，也就是所谓的概念性产品，并没有很好地结合实际。第三层次主要体现服务社会的特点，针对竞争情报与企业信息化方面的研究不再仅是着眼于脱离实际环境的竞争情报系统建设，而更多地联系实际，如孙晓在《从 CR 法案谈企业竞争情报系统的建立》❷ 一文中，就结合温州传统打火机受欧洲议会颁布的 CR 法案制裁一事，指出企业竞争情报系统应该具备适用性、及时性、客观性、全面性。同时，竞争情报系统的研究同前沿信息技术联系得越来越紧密。这方面的研究涉及企业资源计划 ERP 与竞争情报系统建设的分析、如何利用 Internet 和 Intranet 构建竞争情报系统、商务智能型企业的竞争情报系统建设以及学习型竞争情报系统的构建问题等。白如江在"智能化企业竞争情报系统研究"一文中指出：通过智能化企业竞争情报系统（IECIS）可以有效地获取、生产和传播竞争情报，可以订制个性化需求的情报，使情报真正合我所需，为我所用。❸

---

❶ 包昌火，谢新洲. 企业竞争情报系统 [M]. 北京：华夏出版社，2002：37-39.
❷ 孙晓. 从 CR 法案谈企业竞争情报系统的建立 [J]. 现代情报，2004（4）：18-21.
❸ 白如江，王尊新，鲍翠梅. 智能化企业竞争情报系统研究 [J]. 情报技术，2004（8）：33-36.

第三节　企业竞争情报与专利战略

将竞争情报与专利战略相结合进行研究的文献并不多。经过本书的文献检索与分析，发现以往的结合性研究一般出现在两个主题中。一种是研究企业战略与竞争的情况下涉及专利情报、专利竞争情报的分析；另一种是从检索或者专利分析的角度提及企业专利战略问题。

一、企业战略与竞争视角

张燕舞、兰小筠认为专利分析是企业战略与竞争分析中的一种独特的分析方法。她们论述了专利分析法的产生背景、战略应用及分析方法和指标，并指出了专利分析法中存在的一些不足。❶ 虽然她们在论述中没有使用专利竞争情报或者竞争情报的术语，但是在行文中使用了专利分析或者专利情报分析的内容，完全可以看作是对于专利战略的一种情报支持。她们提出的专利分析的战略价值与分析指标，具有一定的指导意义。冯晓青认为，实施专利战略的企业要拥有比较健全的专利情报网络，并且善于分析和掌握其他企业的技术发展动态和市场动向。❷ 在技术开发计划制定阶段，离不开对选题的论证、调查，以及充分利用专利情报。在实施开发计划阶段，要以专利情报为向导进行研究、开发，依据专利情报，对研究和开发计划及时进行修改。在研究完成阶段，专利战略的重心是对取得的成果及时进行相应的知识产权评价，对符合专利性的技术创新成果及时申请专利，获得专利的保护。

---

❶ 张燕舞，兰小筠. 企业战略与竞争分析方法之一——专利分析法 [J]. 情报科学，2003（8）：808-810.

❷ 冯晓青. 试论企业技术创新中专利战略的应用 [J]. 科学管理研究，2001（4）：12-15.

知识产权信息与知识产权信息战略的概念在 21 世纪初被人们提出并开始重视。❶❷ 这些文献一般都侧重于专利战略的论述，尤其是对于专利战略中专利信息的利用问题，进行了多方面的探讨。

二、情报检索与分析视角

专利数据虽不断累积，但人们并未很快意识到它能转化为竞争情报的潜在价值。随着技术发展的步伐不断加快，技术对企业的生存和竞争来说显得越来越重要，人们才逐渐发现专利作为发明创造其本身包含着技术创新价值，分析大量的专利数据可以很好地把握技术动态，了解技术竞争力。❸

李映洲、邓春燕认为，由于专利现已成为企业获取竞争对手情报的重要来源，因此专利情报分析法也成为竞争对手研究的一种重要方法。他们通过专利情报分析，阐述了专利情报分析法在竞争对手情报研究中的作用、具体分析方法及该方法的一些不足之处。他们列出了情报分析的主要指标：专利数量、同族专利数量、抓你效率、专利实施率等。❹

彭爱东对专利情报分析与检索作了一个整体的论述。❺ 他认为，专利作为竞争情报源的作用一点不比它的保护功能逊色；专利检索是非常关键的一步，是专利分析的基础；专利分析分为定量分析与定性分析两种；专利情报分析能够回答这样一些重要问题：可能影响公司的技术发展趋势是

---

❶ 马海群. 知识产权信息的概念、内容与功能 [J]. 图书情报工作，1998 (3)：71-74.

❷ 李红. 知识经济时代企业的知识产权信息战略 [J]. 上海大学学报，2001 (4)：56-60.

❸ LEE Y. Three Essays on Aspects of Patent related Information as Measures of Revealed Technological Capabilities [M]. London：Dissertation Abstracts International，2002：64.

❹ 李映洲，邓春燕. 竞争对手情报研究中的专利情报分析法 [J]. 情报理论与实践，2005 (1)：44-47.

❺ 彭爱东. 一种重要的竞争情报——专利情报的分析 [J]. 情报理论与实践，2000 (3)：196-199.

什么,竞争对手的研究开发、工程能力和竞争地位如何,等等。

  总之,在以往的文献中可以发现,对于专利战略与竞争情报进行结合研究已经初现端倪,但范围较小、成果不多、不成系统,本书力图进行更进一步的探索。

第三章 竞争对手技术情报跟踪与监测

在总结以往文献对于竞争对手技术跟踪与监测论述的基础上，本章从操作的角度对如何进行对手技术跟踪与监测展开探讨。根据以往研究表现出的突出问题，深入分析，并在分析一般使用方法和策略的基础上结合实际访谈中的具体案例来说明问题。同时，构建企业竞争对手技术跟踪与监测的战术模型与操作模型。

第一节 竞争对手技术情报跟踪与监测体系

国内关于竞争对手研究的文章比较多，是本书借鉴的重点，但与专利战略联系起来，尤其是专门论述竞争对手技术跟踪与监测的文章并不多，特别是如何把竞争对手分析结果用于专利战略的更为少见。对企业技术的关注应当注意到两个方面，第一是产品，第二是工艺。

技术的创新与专利的形成往往是新产品、新材料和新工艺的发明。为了叙述方便，我们把新产品和新材料都用产品来统一表述。郭宾从技术进化的角度将产品与工艺的交互分成3个基本模式[1]：第一种模式：产品技术保持（或基本保持）不变，工艺技术发生变动。第二种模式：工艺技术

---

[1] 郭宾. 基于核心能力的企业竞争优势理论 [M]. 北京：科学出版社，2003：21-22.

保持（或基本保持）不变，产品技术发生变动。第三种模式：产品技术发生变动，而且工艺技术随之相应演化（如图3.1所示）。

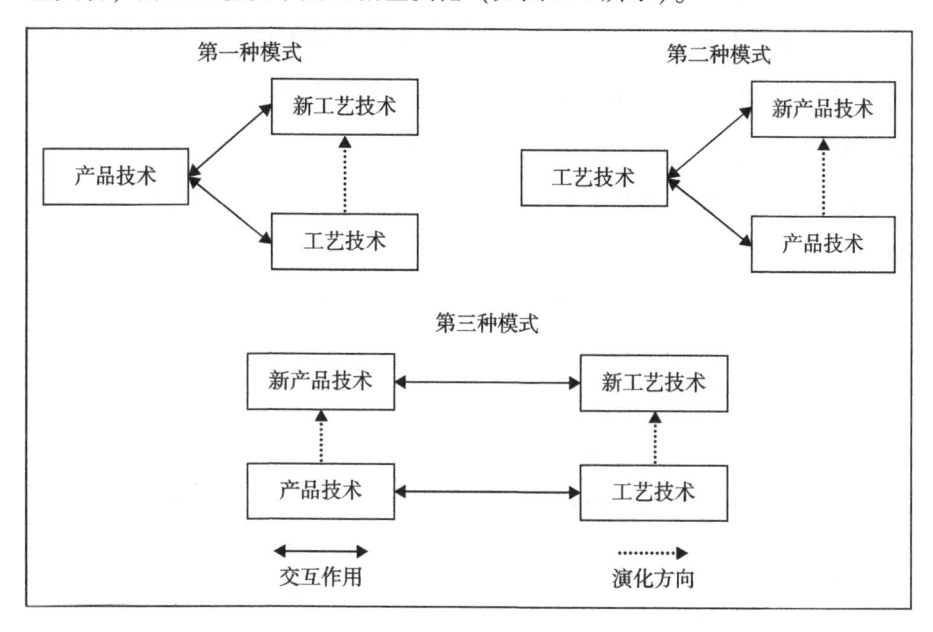

图 3.1　产品—工艺技术交互模式

进行竞争对手技术跟踪与监测在狭义范围就是对以上三种模式的扫描，人们比较关注过程中技术成果的数量、质量、新颖程度、成熟程度、产品的性能、发展方向等。

一、跟踪与监测的路径：产品技术链

从广义角度来讲，对于竞争对手技术的关注除了上述三种模式，关注内容还应该包括：人力资源（研发队伍等）、资金支持、相关培训或组织学习等重要因素。与此呼应，我们可以构造一个类似于价值链的产品技术链或专利技术链。

如图3.2所示，基础研究、应用研究、开发、应用性开发（工艺或产品技术）、商业化（产业化）都属于产品技术链中的基本活动，它们直接影响最终产品或服务的形成。资金投入、人力资源、管理制度等都属于支持活动。基本活动按照一定的顺序先后衔接，直接结果是产生专利并转化成产品，进一步推广扩大，实现商业化。支持活动与基本活动同时进行，对这些活动产生着重要的影响。当然，一项活动是否重要，并不取决于它是基本活动还是支持活动，而是取决于它在整个技术成长过程中的作用。由左而右，是企业技术活动共同指向的目标，即生产出高质量的产品或者提供高质量的服务。由下而上，是从技术发展的基础支持一直到实现商业化的过程。

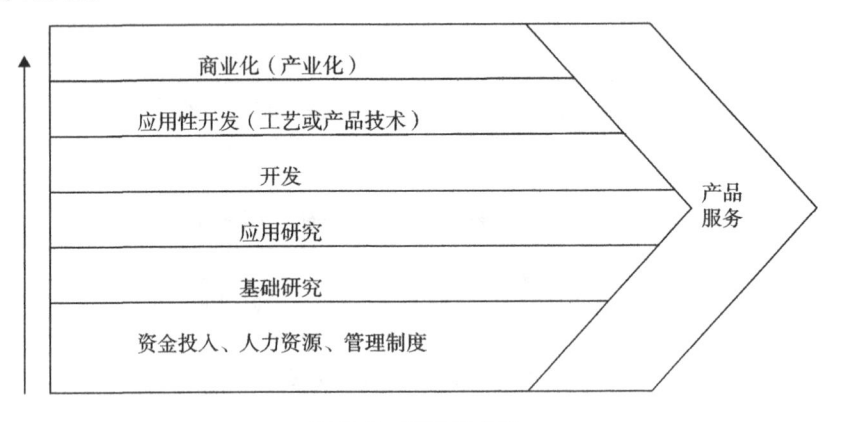

图 3.2　产品技术链

二、产品技术链战术模型

本书通过以上针对竞争对手技术跟踪与监测方法、模型、体系的分析，可以总结出一些基本的构面，组合起来进行相关分析。

（一）基本活动

实施技术跟踪与监测就是要对技术链中的每一个环节进行分析。可以说，产品技术链为我们识别和分析竞争者技术发展与应用提供了一个清晰的框架。图 3.3 说明并定义了需要分析的每一个基本活动阶段。❶

---

❶ 朱舟. 竞争者 [M]. 北京：中国人民大学出版社，2005：35.

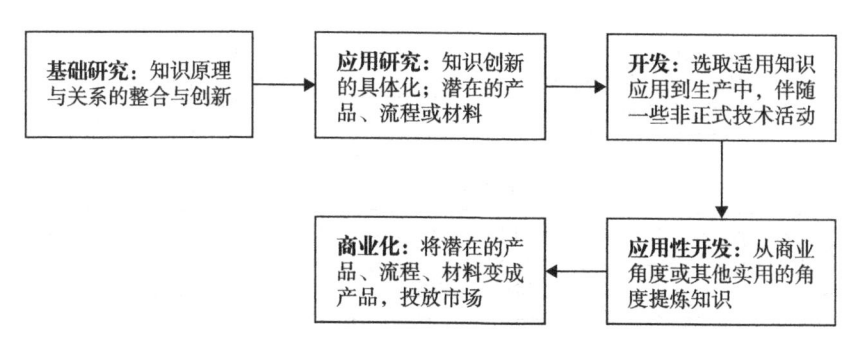

```
┌─────────────────┐      ┌─────────────────┐      ┌─────────────────┐
│ 基础研究：知识原理 │ ───→ │ 应用研究：知识创新 │ ───→ │ 开发：选取适用知识 │
│ 与关系的整合与创新 │      │ 的具体化；潜在的产 │      │ 应用到生产中，伴随 │
│                 │      │ 品、流程或材料    │      │ 一些非正式技术活动 │
└─────────────────┘      └─────────────────┘      └─────────────────┘
                                                           │
                                                           ↓
┌─────────────────┐      ┌─────────────────┐
│ 商业化：将潜在的产 │ ←─── │ 应用性开发：从商业 │
│ 品、流程、材料变成 │      │ 角度或其他实用的角 │
│ 产品，投放市场    │      │ 度提炼知识        │
└─────────────────┘      └─────────────────┘
```

图 3.3　产品技术链基本活动的跟踪

基础研究和应用研究包括我们通常所说的"发明"。在制药、原材料、半导体、电力、化工等范围比较窄的行业中，基础研究通常是由几家厂商合作进行的，它的关注点在于探寻目前未知的知识。应用研究相对来说边界更为明显，目的性更强，为数众多的行业中的企业在进行应用研究。应用研究推动了基础研究，而基础研究使应用研究成为可能。

与研究比起来，开发就显得目标更清晰，任务更明确、更具体。开发的目的是把知识（研究的成果）转化到实际应用中，即如何应用科学、机械或其他各种"研究"知识，这种转化通常涉及知识的扩充与扩展。开发是指经过测试、提炼和准备之后，将产品（或者工艺）知识应用到实际中，最终的结果要么是在市场上出售的产品，要么是能够提高内部效率的流程。具体的操作方法视业务的不同也会存在很大的差异，有时甚至在同一家企业的不同情境中也会存在差异。因此，有必要识别出每一个阶段内部的各个步骤及这些阶段之间的联系。

（二）战术模型

竞争对手的技术跟踪监测一般是沿着产品技术链进行的，但同时要和市场战略、以顾客为中心的活动、战略联盟、网络等结构要素相联系。我们可以描述一个基于产品技术链的竞争对手技术跟踪与监测战术模型，如图 3.4 所示。

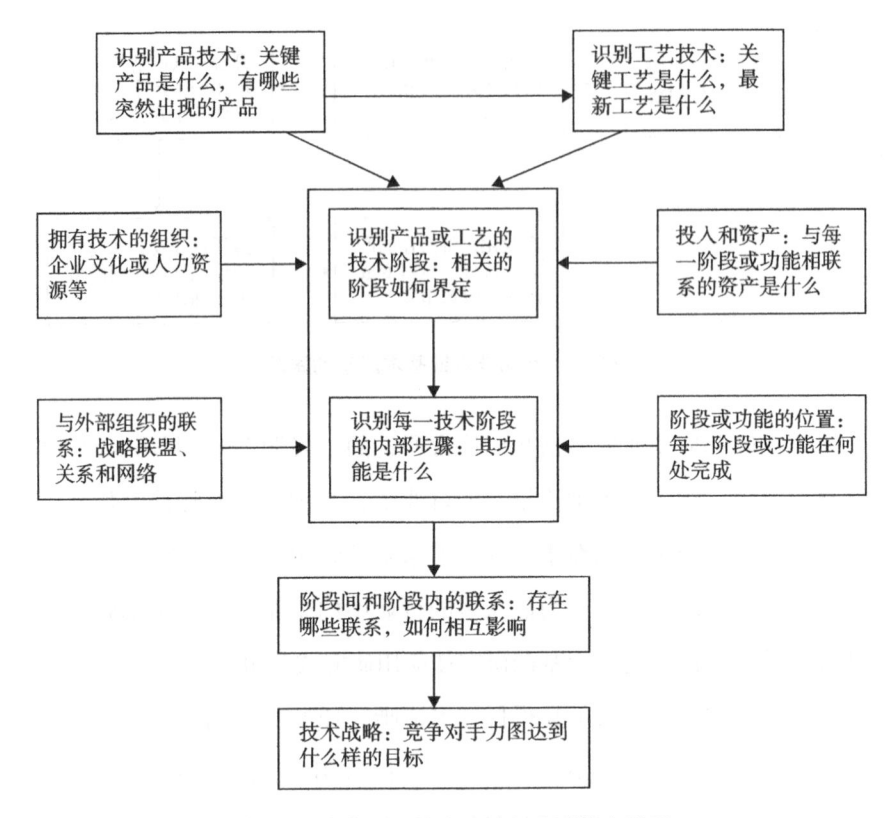

```
┌─────────────────┐                    ┌─────────────────┐
│识别产品技术：关键│                    │识别工艺技术：关 │
│产品是什么，有哪些│                    │键工艺是什么，最 │
│突然出现的产品   │                    │新工艺是什么     │
└────────┬────────┘                    └────────┬────────┘
         │                                      │
         ▼                                      ▼
┌─────────────┐   ┌─────────────────┐   ┌─────────────────┐
│拥有技术的组织：│   │识别产品或工艺的 │   │投入和资产：与每 │
│企业文化或人力资│──▶│技术阶段：相关的 │◀──│一阶段或功能相联 │
│源等           │   │阶段如何界定     │   │系的资产是什么   │
└─────────────┘   └────────┬────────┘   └─────────────────┘
                           │
                           ▼
┌─────────────┐   ┌─────────────────┐   ┌─────────────────┐
│与外部组织的联│   │识别每一技术阶段 │   │阶段或功能的位置：│
│系：战略联盟、│──▶│的内部步骤：其功 │◀──│每一阶段或功能在何│
│关系和网络    │   │能是什么         │   │处完成            │
└─────────────┘   └────────┬────────┘   └─────────────────┘
                           │
                           ▼
                  ┌─────────────────┐
                  │阶段间和阶段内的联│
                  │系：存在哪些联系，│
                  │如何相互影响      │
                  └────────┬────────┘
                           │
                           ▼
                  ┌─────────────────┐
                  │技术战略：竞争对手│
                  │力图达到什么样的目│
                  │标                │
                  └─────────────────┘
```

图 3.4　竞争对手技术跟踪与监测战术模型

在这个模型中首先要识别的是竞争对手现有的关键产品和即将开发出的产品、种类，以及能够开发新产品的研究活动。这是最基本的步骤，因为在不同产品系列的研究和开发中，阶段的区别是最明显的。即使是同一系列的产品，通常也具有不同的产品技术链。同时，从现有的研究和开发活动可能带来的新产品的预测可以得出所需要的产品技术链，这些产品与已经投放市场的产品所对应的产品技术链是不同的。

随后，分析者进一步跟踪每个产品（系列）和研究领域的关键项目与计划。项目研究计划一般可以从某些文献或公司技术动向获知。在此基础上必需识别相关产品的阶段，具体的阶段构成经常会受到相关行业和投入资产的影响等。接下来，针对每一阶段内部的关键步骤进行识别。对这些步骤进行分析，可以发现竞争对手已经达到的和尚未达到的目标。在分析完阶段与步骤之后，要关注竞争对手自身的组织特点及与外部实体的关系或影响，如竞争对手遵循的是保守理念还是开拓理念、对手内部组织结构及相关制度等。竞争对手还会与许多高校、科研机构、科学家及独立的测试机构有广泛的联系。

企业对每一个阶段的投入肯定不是均衡的，同样每一阶段功能的完成也不一定是线性的。这就需要对相关阶段或者关键步骤进行必要的调整。调整的过程也反映出了阶段间和阶段内的联系。各个不均衡的阶段最后必须形成一个整体方案，否则意味着研究成果不能转化成产品或者解决方案，不具有顾客价值。在各个阶段相互调整过程中，阶段内和阶段间相互关联的指标随着行业和产品种类的变化而变化。

经过上述分析，企业可以获取大量有关竞争对手技术发展的数据。在此基础上，企业可以对竞争对手的技术战略有一个大致判断。一般来说，主要从以下几个方面作出判断：

（1）产品发明：有时候从一些指标中可以读出结论，竞争对手希望通过某种新产品及一系列的相关产品来开拓新市场。

（2）产品领导权：企业一般还会有一个目标是取得相关产品领域内的领导权，一般通过研究和开发迅速超越对手的产品而获取竞争优势。

（3）产品整合：通过研制一系列的产品和技术，形成自己在某一领域的核心能力，这种方式尤其会通过专利壁垒表现出来。

（4）产品替代：基于某种新材料，或者基于成本低、工艺简便等原因，竞争对手会开发具有和现在流行产品相同性能的产品，以吸引顾客。

（三）阶段与步骤

下面以生物医药行业的竞争对手为例，说明战术模型的阶段（如表3.1所示）。

表3.1 生物医药行业竞争对手跟踪与监测的阶段和步骤

阶段	每个阶段内的步骤	数据来源实例
基础研究	新的化学药品的研究；产品概念的开发	竞争对手的广告、发布会、宣讲会等；相关的技术或科学专家；顾问和其他人的基础研究
应用研究	合成物；生物测试；药物的初步筛选	会议展示；专业杂志的文章；竞争对手的广告、发布会；专利文献
临床开发	第一阶段测试；第二阶段测试；第三阶段测试	政府部门的报告；专家的意见；竞争对手的报告和评论
常规批准	提交申报材料；检查障碍	主管机构的意见；竞争对手的发布会；科学或商业期刊的评论
商业化	上市后的安全监控；大规模生产；分销；销售；服务；教育	竞争者的发布会；行业成员（分销渠道、医院和其他医疗机构）的评价；大众杂志和行业刊物的报道

以上说明了一个生物医药行业的竞争对手产品技术链所经历的阶段和步骤，对该企业的跟踪与监测就是通过不同的数据来源，密切关注其新产品或新工艺的发展路径。在这个过程中，需要企业对自己的技术竞争情报工作进行相应规划，如建立竞争情报系统、实施专利竞争战略等一系列操作化的程序。也就是说，要在操作层面细化战术的意图，使之成为实际工作中可以遵循、复制的程序。本章在战术模型的基础上，结合调查问卷的结果分析，进一步构建竞争对手技术跟踪与监测操作模型。

第二节 竞争对手专利技术情报跟踪与监测的运作

在前面一节的分析中，本书从竞争对手技术跟踪与监测的方法出发，通过对产品技术链的分析，提出了竞争对手技术跟踪与监测战术模型，本节将构建并具体分析一个竞争对手技术跟踪与监测运作模型。运作程序一般是指企业针对技术目标相同或者相似的对手或者潜在对手进行的技术情报收集、加工、分析、利用。无论是用何种跟踪与监测的方法，运作过程一定会包括以下 7 个步骤：识别技术竞争环境，识别、确定竞争对手，分析竞争对手技术战略，跟踪与监测对手的关键技术，评估竞争对手技术实力，预测对手可能做什么，选择攻击或回避（如图 3.5 所示）。

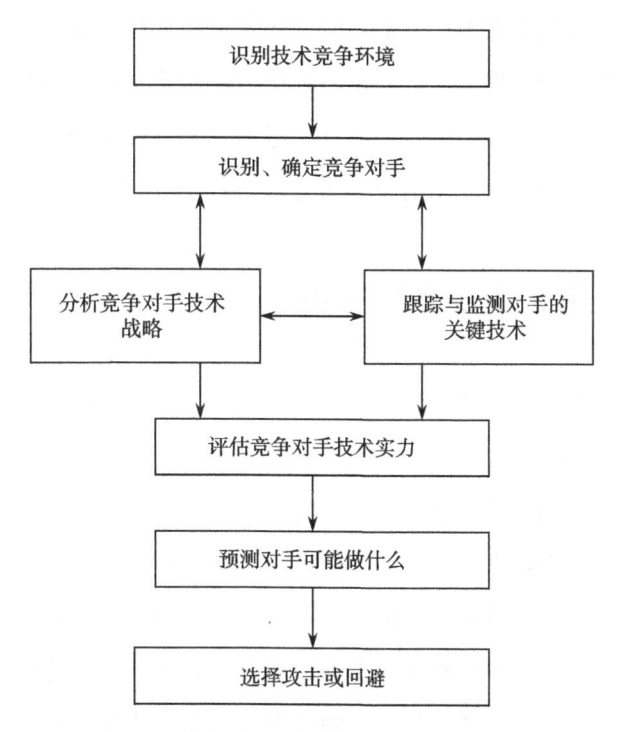

图 3.5　竞争对手技术跟踪与监测运作模型

当然，这 7 个步骤并非完全按照从上到下的线性顺序运作，在某些情况下，企业可能会省略其中一些步骤，或者反复执行某几个步骤。例如，一个技术垄断性的大公司，其监测方式可能是攻击型的，最关心的可能是技术的先进程度和研发资金的投入。在操作上，他们可能只对第二步和第七步感兴趣，就像我国的华为公司，该公司目前在国内几乎没有势均力敌的竞争对手，从国家知识产权局专利数据可以查到，其自主研发的专利遥遥领先于业内任何一家企业。而像伊利乳业这样的企业，他面临的不仅有同行类似大企业，还有一个位于同一地区的竞争者——蒙牛。他们需要做的步骤可能就会更多一些。而那些处于自由竞争阶段的企业，他们往往拥有某种核心专利技术，但是为了能够保持持续的竞争优势，他们必须时刻关注外界环境的变化，尤其是竞争对手的技术动向，因此他们可能就要完整实施这 7 个步骤。

专利与企业技术实力关系密切，是研发活动和技术创新活动的重要产出形式，因此专利数据又可以在相当程度上表明该技术领域新产品开发和市场竞争的趋势。在本章中，用更具有竞争意义的专利技术作为跟踪与监测竞争对手的技术形式，并结合前期的调查结果来一同说明相关问题。

一、识别企业技术竞争环境

通过对专利技术活动的考察，可以对企业及其所处的竞争环境进行评估分析。对于一个企业来讲，研究新技术、开发新产品的活动都是和社会的经济活动密切相关的。企业在一定的地域范围申请专利，直接表现出企业的经营目的。企业在某一个或几个方面从事研究和开发，体现着其相应的技术实力和产品经营方向。因此，通过对某一个领域进行企业专利申请活动的考察，可以了解哪些企业占有该领域的技术优势，进而确认本公司的主要技术竞争对手，考察该技术领域里企业新产品开发的竞争态势。

（一）产品与技术竞争环境分析

通过对专利技术进行分析，我们从技术进化和产品技术链的角度来看，整个竞争环境可以看作是专利产品和技术的博弈过程所构成，具体如图 3.6 所示。狭义来看，整个竞争环境受到工艺、产品不断创新动力的影响，会不断变化、发展；从广义的技术链来看，整个竞争环境就是由不同阶段的技术相互影响、相互演化而构成的，在这个过程中，企业各要素（如资金投入、人力资源、管理制度等）组成了一个技术生态环境。

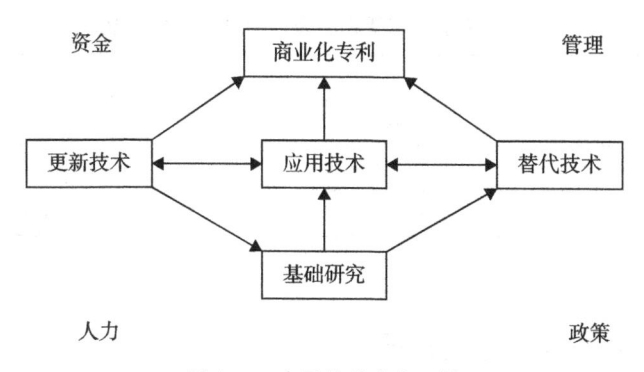

```
        资金            商业化专利            管理
                    ↗         ↖
         更新技术  ↔   应用技术   ↔  替代技术
                    ↘         ↙
                      基础研究
        人力                          政策
```

图 3.6　产品技术竞争环境

在整个竞争环境中，基础研究是新技术的基石。建立在基础研究之上的应用性研究与开发、对现有技术的发展创新及开发新的替代技术，三者之间的交互作用形成了竞争环境中的主要竞争力量。

如果一个行业内部存在多种技术标准，为顾客提供的产品和服务可以由三种技术类型中的任何一种生产或提供出来，那么行业内的竞争肯定异常激烈。如果目前的应用技术十分强大，对现有技术的发展创新及开发新的替代技术力量比较弱，或者进行技术改变的成本比较高，那么市场就会被现有的应用技术垄断，不会出现激烈的竞争。

根据微观经济学理论，我们可以用表 3.2 来说明技术竞争环境。一般来说，进入壁垒高的话，一般能获得高额利润；撤出障碍高的话，一般风险比较大。从表 3.2 可以很明显发现：进入壁垒高、撤出壁垒也高的技术风险性很高，但是如果成功的话，也可以带来巨大利润，如目前核电技术就属于这种类型；而进入壁垒高、撤出壁垒低的技术领域本身比较少见，这种技术能给企业带来稳定而高额的利润，如矿山开采技术属于这种类型；进入壁垒低、撤出壁垒高的技术人们一般不愿问津，因为风险太高，而即使成功收益又很少，大多数的基础性研究属于此类；进入壁垒低、撤出壁垒低的技术为大多数企业所掌握，一般属于技术含量不高的一些应用技术，如家具、家电等制造技术。

表 3.2 专利技术更新或替代的进入与撤出壁垒

进入壁垒	撤出障碍	
	高	低
高	高风险高获利	稳定的高获利
低	高风险低获利	稳定的低获利

（二）企业竞争环境分析

企业并不能在纯技术领域进行活动，每一项专利的商业化都涉及了社会环境的方方面面。将专利技术竞争环境放到更大的范围，如按照战略管理的 PEST 方法来分析的话，我们要分析的是企业专利技术指标中的政治法律环境、经济环境、社会文化环境、技术环境。①政治法律环境，主要指国家的专利战略，如国内外政策、法律尤其是知识产权法和行业法规的发展变化；国家宏观经济政策及宏观调控的范围、力度和时限；地方政府的科技发展战略、优惠鼓励措施、信贷投资势头，以及与企业有关的法律法规。②经济环境，具体为经济总体发展水平，市场宏观经济走向，物价趋势，居民的收入、储蓄和购买能力等。在本书中，主要表现为对专利技术的资金支持。③社会文化环境，在本书中主要表现为专利竞争情报意识、领导的重视等要素。④技术环境，一是应注意国内外同行业技术水平、技术实力与本企业技术水平、实力的对比研究，二是注意企业所处领域技术人员的数量和资质，以及本企业可利用的技术人员、科研成果，三是随时掌握分析国内外和本地区技术的发明创造及其应用对企业的影响。

当然，PEST 四个方面还要细化成许多指标，才能更好地描述竞争环境。在我们的调查问卷中，可以选择四个代表性的指标来举例分析。比如政治法律环境中选择 f_1＝专利政策；经济环境选择 f_2＝加入 WTO；社会文化环境选择 f_3＝专利意识和专利信息素养；技术环境选择 f_4＝行业技术更新等。在实际运作中，一般使用坐标图或专利地图（包括坐标图、饼图、雷达图等）的方式来进行。本书从调查问卷中随机抽出4个公司来展示（如图3.7所示）。

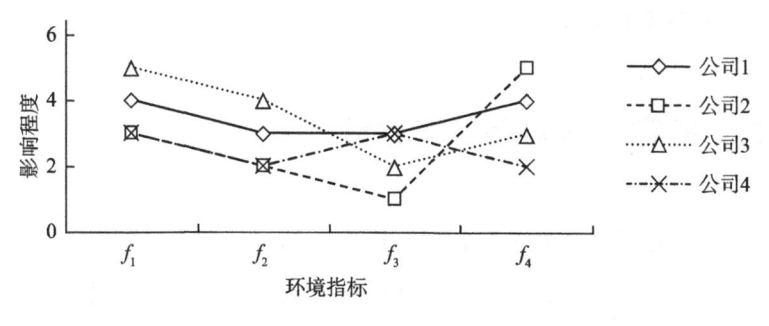

图3.7　企业竞争环境坐标图

在各项指标和图例不变的情况下，将上图转化成雷达图（如图3.8所示）。

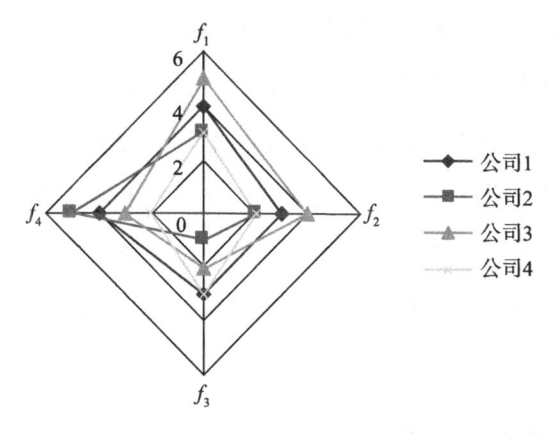

图3.8　企业竞争环境雷达图

从图3.7和图3.8我们可以发现一些问题。公司1和公司4相比，二者都比较规则或者说平坦，也就是公司相对具有刚性，弹性比较小；在两图中，公司1处于公司4的上部或者外围，说明公司1来自宏观环境的竞争压力要大于公司4。公司2很不平坦或者说很不规则，弹性比较强，对技术更新指标尤其关注。

对不同公司的状态我们可以从所在行业、企业性质、企业规模等多个角度来进行进一步的分析。公司1属于电子信息行业，而公司4属于化工行业，很明显它们的行业决定了前者对各项指标的感受强度要大于后者。

公司 2 是一家规模较小的生物医药公司，发展是他们的最大问题，因此对行业技术更新尤其关注。

二、确定竞争对手及其关键技术

竞争对手的确立，往往是根据自己企业的实际情况，结合企业内部和外部环境，识别出需要防备、攻击或者回避的对象。从专利技术角度来确定竞争对手，主要是利用本节第一部分所述的描述竞争环境的一系列指标，根据自己的需要，确立哪些是自己的技术对手，哪些是潜在对手，哪些是合作伙伴。

将本行业的有关专利数据按各申请人申请专利量的多少进行排序，以专利申请数量多的为主要竞争者，反之则为次要竞争者，以此确认企业的竞争者。有关专家曾在微波炉专利竞争情报分析的课题中对世界各国微波炉专利的申请情况作了调查，按上述方法对专利申请人进行排序，找出了当时世界微波炉技术的竞争主要集中在日本，主要竞争者是拥有一半专利申请量的松下电器和东芝集团，而韩国的乐喜金星集团和三星集团则是不可忽视的次要竞争者。[1]

（一）直接竞争对手与潜在竞争对手

通过专利技术竞争环境、企业竞争环境的分析，基本可以了解这样一些信息：哪些企业正在某一特定技术领域从事领先技术研究，谁是技术研究的领先者，哪些国家处于该领域的技术前沿，哪些技术是重要性正在上升或下降的技术。最为重要的是，通过分析技术竞争环境，企业会发现和自己处于同一技术领域的直接竞争对手。另外，在行业内甚至行业外的一些企业正在申请或者开发与自己的专利技术极为相近的新技术，那么这些

---

[1] 刘焕成. 洞察对手了如指掌——专利信息在分析竞争对手中的作用 [J]. 科技创业月刊, 2002 (9): 23-27.

企业就可以确定为潜在的竞争对手。

根据图3.6的产品技术竞争环境分析可知，在专利技术竞争中，存在着一个如图3.9所示的竞争模型。所谓流行专利技术指的是在目前某个行业中大部分企业制造产品或者提供服务所使用的专利技术。围绕流行专利技术，还存在陈旧专利技术、潜在专利技术、改进专利技术、新专利技术等互相影响、互相转化的专利技术。一般来讲，陈旧专利技术是过时的流行专利技术，由于人们找到了新的工艺或产品创新方式，将过去的技术放弃不用而形成的。但是陈旧不等于没用，许多企业由于惯性，仍然在使用陈旧技术；一些企业由于成本、规模问题，也在使用陈旧技术。这些企业往往在自己的产品技术链中的支持环节有较大的优势，这些优势足以弥补技术陈旧（关键要素）所带来的缺陷。

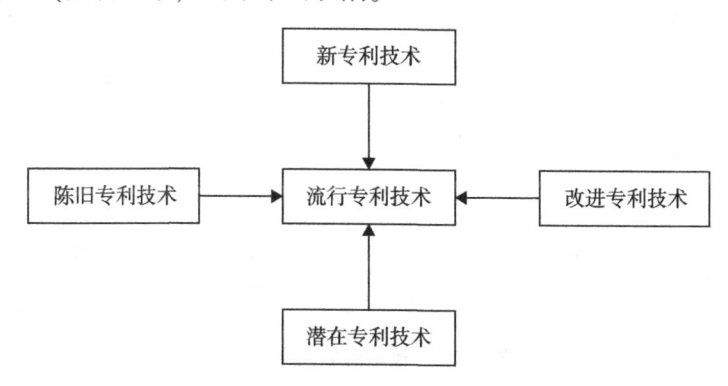

图3.9　五种专利技术力量模型

潜在专利技术是指发明出来而没有申请专利的技术。一些竞争企业为了取得竞争优势，采取专利研究发展战略，他们所创造的未申请专利但是又具有一定市场前景的技术属于这个范畴。未申请专利有多种原因，也许是因为技术比较先进，暂时不用商业化就能维持现有优势，仅作为商业秘密进行保护；也许是正在积极申请，如果申请成功，那么就会成为一种新的专利技术。

潜在专利技术申请获得批准后，就成为新专利技术，这是取代流行专利技术的主要力量。当新专利技术获得广泛应用的时候，它本身就成为流行专利技术,而原来的流行专利技术就变成了陈旧专利技术。改进专利技术是在现有技术上的一种改良,是流行专利技术的完善,但是其作用要远远小于新专利技术。

我们可以根据图 3.9 五种专利技术力量模型来给竞争对手进行技术上的分类。相同技术的竞争对手一般指的是同时拥有流行专利技术,制造同质性的产品或提供同样服务的企业,可以认为改进专利技术的企业也属于这个范围。相似技术的竞争对手包括新专利技术和陈旧专利技术的拥有者,他们的产品和服务业是市场竞争的一部分。开发或拥有潜在专利技术的企业,是潜在的技术竞争对手。如果进入障碍不是很高的话,还会有许多要进入本行业的技术竞争对手,它们可以称作未知的技术竞争对手(如图 3.10 所示)。

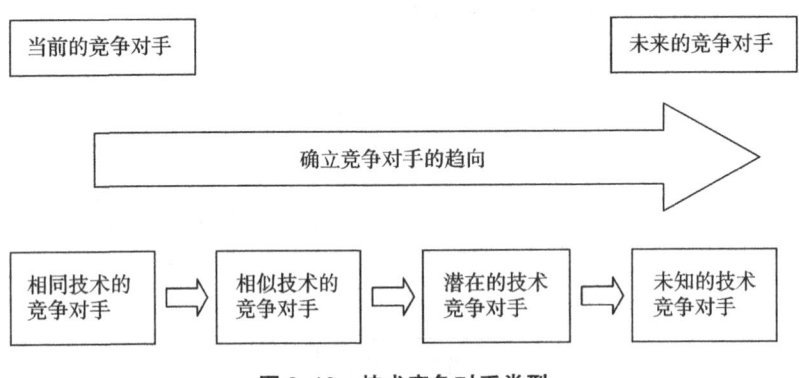

图 3.10 技术竞争对手类型

(二) 识别竞争对手的技术状况

无论是对相同、相似的技术竞争对手,还是对潜在的、未来的技术竞争对手,其技术水平如何,是企业最关心的事情。对竞争对手技术的识别有很多方法,反向工程、文献分析、竞争情报分析是比较常用的方法。同时,对竞争对手技术状况的识别,也是开展技术跟踪与监测的首要问题。

在确定竞争对手以后,对竞争对手专利的用途、设计原理、使用主要材料、技术结构利用方法等要素的了解都关系到对竞争对手进一步进行监测的程度问题。相对来看,较多的企业关注对手的专利用途和专利使用方法，而对专利的原理不是特别关注。这一表象说明多数企业关注的专利表面现象多过了专利的设计原理。

岳宗全、毕艳红提出，不能忽视竞争情报中的专利指标[1]，对于竞争对手的专利技术，应当注意以下6个重要方面。

(1) 专利数量。利用专利数量可以进行企业在不同时期、不同领域技术活动产出和谋求工业产权保护意向的比较。

(2) 专利成长率。专利成长率测算的是专利数量成长随时间变化的百分率，可显现技术创新随时间的变化是增加还是迟缓。例如，专利季成长率是将一企业于某季所获得的专利数量与前一季所获得的专利数量相比较，计算出该季所获专利较前一季增减幅度的百分比率。专利年成长率测算的是和上一年相比专利增长变化的百分比，用来衡量一年来技术活动发展的变化状况。

(3) 引证指标。引证指标测算的是一个专利被其在后申请所引用的次数。当一个专利多次被在后申请的专利所引用，这就表明该项被引用专利技术在该产业具有很重要的技术先进性，根据引用情况揭示的专利之间的联系，可以跟踪对应于不同技术的专利网络，发现处于不同技术交叉点上的专利。

(4) 技术生命周期。技术生命周期测算的是企业的专利在其申请文件扉页中所引证专利技术年龄的平均数。因此，技术生命周期可以这样理解：是最新专利和最早专利之间的一段时间。如果技术生命周期较短，意味着正在着力研发一门相对较新的技术，而且这门技术发展创新得非常快。国家知识产权局学术委员会编写的《专利分析实务手册》一书中，认为技术生命周期具产业依存性，相对热门的产业技术周期较短，如电子类的技术生命周期约3~4年，而制药类的技术生命周期约为8~9年，造船类的技术生命周期可能长达15年。

---

[1] 岳宗全，毕艳红. 别忽视竞争情报中的专利指标[N]. 中国知识产权报，2001-11-01.

(5) 专利效率。专利效率测算的是一定的研发经费支出所创造的专利数量产出,此项指标用来评估企业在预定时间内专利数量产出的科研能力和成本效率。专利数量产出得越多,专利效率越高,则企业的技术研发能力越强。

(6) 专利实施率。专利能否被有益地实施、能否带来科技创新,对于那些还未实施的专利技术来说还是一个未知数。一般的发明专利的实施还要经过一个开发过程,而开发不是都能成功的,有不少发明专利技术在开发过程中因技术难点解决不了或在现有技术条件下达不到预期效果,不得不半途而废或最终放弃。可以通过技术性能、经济效益、社会效益、市场因素、产业化开发和生产能力、宏观环境及产业化风险等多个角度对发明专利的实施进行衡量。专利实施率越高,则专利对于技术发展、技术创新作出的贡献越大,和技术发展结合得越紧密。《专利分析实务手册》也指出,我国的专利实施率仅维持于30%左右,远远低于欧洲、美国、日本各国的水平。

对于专利数量很少的企业,比较容易确定其关键技术,因为他们可能只把最重要的技术申请了专利。但是对于专利特别多的企业,要找出其核心专利就要费一番工夫。一些企业为了保密,只申请外围技术的专利,而把关键技术作为商业秘密不申请专利。这种情况就要进行综合分析,寻找对手专利的共性,通过反向工程、定标比超等技术手段,结合企业的财务、广告、价值链等分析方法来对对手的关键技术进行推测和确定。

三、分析竞争对手技术战略

面对日趋激烈的市场竞争,企业需要了解竞争对手在整个技术领域中的位置、技术发展的历史、技术热点和产品质量,以及与其他企业间的关系等问题。这些都有利于企业了解其所处的环境和地位,企业在参与竞争时作出正确决策。在问卷调查中,我们发现技术先进性、研发力量、由技术到产品的转化、专利产品市场占有率、技术成熟程度都是企业十分关注的指标。因此，这5项指标可以作为监测竞争对手专利技术动向的最为基础的衡量标准。

一般来说，竞争对手会使用两种技术战略：一是技术增长战略，包括研究开发机构的国际化战略和合作研究战略。技术增长战略旨在行业范围内获取先进技术，进一步提升企业的技术竞争能力。二是技术应用战略，其主要基于利润动机，将公司的现有技术在国际范围内加以应用，从而获取最大收益。技术应用战略的核心是技术转移战略，它是实力薄弱、发展缓慢的企业大型公司获取技术的主要渠道。技术增长战略与技术应用战略组成一套完整的企业技术战略体系。

本书研究的重点是企业技术战略中的专利战略。专利战略是企业围绕专利展开的一系列管理活动。它不仅包括了基本的专利战略（专利信息调研战略、专利开发战略、专利申请战略、专利实施战略），而且包括了针对竞争者的防御战略（引进战略、再创新后回输战略、交叉许可战略、构筑专利防御网、侵权反诉战略）与进攻战略（专利文献公开战略、专利权出售战略、专利权投资和产品输出战略、专利与产品相结合战略、共同开发和协作使用战略）。

例如，A公司是一家铝业公司，为众多的易拉罐生产企业提供原材料。由于它本身也制造许多铝制器皿工具等商品，因此易拉罐生产商B公司把A公司作为自己的潜在竞争对手。传统的易拉罐是由三个部分组成的（两片底盖和一片罐体），而A公司的一位研发人员发明了只用两片包装的生产方法，并且申请了专利。B公司通过自己的分析，认为A公司在铝制品生产上实行的是技术增长战略，不会轻易地进行应用，因此考虑到成本问题，没有购买这一专利技术。A公司开始的确没有实施应用，主要是向从事易拉罐生产的厂商进行推销该专利技术，但是由于这种工艺需要大量更换原有设备，因此其他易拉罐生产商都没有考虑或者压低引进价格。迫于形势，A公司在进行了成本和市场分析后，认为该技术的实施能够获取高额利润，而众多的易拉罐生产商（如B公司）因为使用传统设备以及流程问题很难及时转型，短期内不会产生强有力的竞争对手，因此自己投入生

产，从而成为包括 B 公司在内的易拉罐生产商很有威胁的竞争对手。❶

四、评估竞争对手的技术实力

分析竞争对手的特点及实力，把竞争对手申请的全部专利按类别进行排序并考察其分布情况，可准确判断出竞争对手研究与开发的重点所在，以及竞争对手的技术政策和发展方向。通过考察竞争对手专利申请与专利授权数的比例来分析其技术开发研制效率情况；通过考察竞争对手国外专利申请数与国内专利申请数的比例来分析其专利布局；通过考察竞争对手每年申请的专利数与实用新型数的比例来分析它的技术实力等。

本章介绍的一些专利技术分析方法，基本也可以看作是确定企业技术实力的方法。历年专利动向、专利占有比例、专利排行、专利年龄、发明阵容、重要专利引用等各项指标都可以作为具体要素对专利实力的深入描述。本节将根据问卷调查内容，举一个简单的例子来说明如何通过专利技术来分析企业竞争地位，将竞争对手的每一项专利技术的评价结合起来，形成了对企业技术竞争地位的评价。在实际运作中，一般使用专利地图（坐标图或者雷达图）的方式来进行。如果我们以专利技术指标作为横坐标，以指标强弱程度作为纵坐标，把行业内每一项相关专利代入坐标系统进行描述，就可以得到一个简单的行业内专利技术竞争环境示意图。本书从收集的调查问卷中随机抽出 5 个化工公司的支柱型专利技术，结合问卷变量竞争情报下面的部分三级指标进行分析（如图 3.11 所示）。

由图 3.11 可以很直观地看出，专利技术 1 在 f6 指标上、专利技术 4 在 f4 指标上都是处于领先地位的。一个专利技术指标得分越高，证明这项专利越有竞争力，也就是说在竞争环境中处于优势地位。一个企业通过上述分析，也可以看到自己和对手的专利技术综合评价处于什么样的位置，并且可以把这个结果作为评价企业技术实力的重要因素。

---

❶ 包昌火，谢新洲. 竞争对手分析 [M]. 北京：华夏出版社，2003：79.

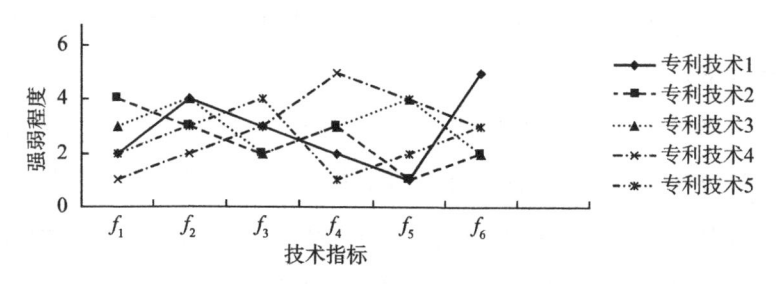

图 3.11　行业内专利技术竞争坐标图

注：①强弱程度一般分为 5 个级别，从 1 到 5 逐渐升高。②指标：f_1 = 成熟程度，f_2 = 先进程度，f_3 = 制造成本，f_4 = 生产能力，f_5 = 商业化速度，f_6 = 生命周期等。

为了进一步具体描述竞争对手的技术实力，我们可以利用 THIO 模型来确定最基本的指标。❶ 技术由 4 个要素的组合而成：生产设备与工艺（T）、生产技能与经验（H）、生产资料和信息（I）生产的组织与计划和管理（O）。这四个要素是相互补充的。

运用模糊评价法进行技术评价，首先要建立技术模型评价模型（模型公式如下所示）。其中，$\underline{A}_i^{(n)}$ 表示第 n 层第 i 个因素组中各个因素的权重。$\underline{S}'$ 表示因素评语等级的量化向量。$\underline{R}_{ij}$ 表示第 i 个因素组第 j 个因素的隶属向量。在计算上可采用比较完备的 M（·+）模型计算方法。这要求我们必须把各个要素的权重要归一化。

$$\underline{B} = \underline{A}\,\underline{R} = \underline{A}^{(1)} \begin{bmatrix} \underline{A}_1^{(2)} \begin{bmatrix} \underline{S}' \cdot \underline{R}_{11} \\ \cdots \\ \underline{S}' \cdot \underline{R}_{1j} \end{bmatrix} \\ \text{-----------------------} \\ \underline{A}_1^{(2)} \begin{bmatrix} \underline{S}' \cdot \underline{R}_{i1} \\ \cdots \\ \underline{S}' \cdot \underline{R}_{ik} \end{bmatrix} \end{bmatrix}$$

---

❶ 题正义. 对 THIO 的模糊评价 [J]. 辽宁工程技术大学学报，2002（6）：798-800.

以下以南部一个供电公司的事例来说明模糊评价模型的实际应用。应用步骤如下：

（1）该模型是三级评价模型，有 4 个因素组，每个因素组中因素的个数是 $n_1=4$，$n_2=6$，$n_3=5$，$n_4=6$。因素集：$U=(U_1^{(1)}, U_2^{(1)}, U_3^{(1)}, U_4^{(1)})$，因素组集合 $U_i^{(1)}=(U_{i1}^{(2)}, U_{i2}^{(2)}, \cdots, U_{ij}^{(2)})$，其中 $i=1, 2, 3, 4$；$j=n_1, n_2, n_3, n_4$。每个因素几种分为五个等级评语：极好、好、中、差、极差。$S'=(S_1, S_2, \cdots, S_5)$，量化后得，$S'=(1, 0.8, 0.7, 0.6, 0.5)$。

（2）确定权重 $A^{(1)}$ 和量化集合 S'。

$$A^{(1)} = \{a_1^{(1)}, a_2^{(1)}, a_3^{(1)}, a_4^{(1)}\}$$

$A_i^{(2)} = \{a_{i1}^{(2)}, a_{i2}^{(2)} \cdots a_{ij}^{(2)}\}$，$A_{ij}^{(h)}$ 表示第 h 层，第 i 个因素组第 j 个因素的权重。以下用几个因素组的相对重要性系数评价来说明它们的确定方法。利用专家法得出 THIO 相对重要性矩阵如下：

r_{ij}	T	H	I	O
T	1	6	2	4
H	1/6	1	1/3	1/4
I	1/2	3	1	2
O	1/4	4	1/2	1

r_{ij} 表示第 i 个因素对第 j 个因素的相对重要性系数。对矩阵进行检验：第一，权重矩阵的检验。$r_{ij}>0$，$r_{ij}=1/r_{ji}$ 满足条件。第二，决定矩阵是否具有一致性。用 MATLAB 计算矩阵的最大特征值 $\lambda_{max}=4.123$，C.I.=$(\lambda_{max}-n)/(n-1)=0.049$，查找相应的平均一致性指标 R.I.=0.89，计算一致性比率 C.R.=C.I./R.I.=0.045。一致性比率小于 0.1，满足一致性条件，所以矩阵可以接受。

利用 AHP 的和积算法并进行归一化得 T, H, I, O 的权重值。

$$A^{(1)} = \{a_1^{(1)}, a_2^{(1)}, a_3^{(1)}, a_4^{(1)}\} = (0.50, 0.07, 0.26, 0.17)。$$

利用相同的方法可以得到

$$A_1^{(2)} = \{a_{11}^{(2)}, a_{12}^{(2)}, a_{13}^{(2)}, a_{14}^{(2)}\} = (0.41, 0.07, 0.11, 0, 41);$$

$A_2^{(2)} = \{a_{21}^{(2)}, a_{22}^{(2)}, \cdots, a_{27}^{(2)}\} = (0.087, 0.252, 0.252, 0.155, 0.155, 0.021, 0.078)$；

$A_3^{(2)} = \{a_{31}^{(2)}, a_{32}^{(2)}, \cdots, a_{35}^{(2)}\} = (0.111, 0.111, 0.232, 0.036, 0.510)$；

$A_4^{(2)} = \{a_{41}^{(2)}, a_{42}^{(2)}, \cdots, a_{46}^{(2)}\} = (0.067, 0.112, 0.207, 0.376, 0.033, 0.207)$

（3）确定总体评语集 F 和 S。

把技术分四个等级：一流水平、中等水平、一般水平、落后水平。$F = (F_1, F_2, F_3, F_4,)$，量化集 $S = (0.9, 0.75, 0.6, 0.5)$。

（4）确定因素指标向量。

$R_{ij} = (r_{ij1}, r_{ij2}, \cdots, r_{ijk})^T$，其中，$r_{ijk}$ 表示第 i 个因素组第 j 个因素第 k 个评语等级的隶属度相关的数据，如表3.3所示。这里隶属度采用：$r_{ijk} = M_{ijk}/M$（$i = 1, 2, 3, 4$；$j = 1, 2, \cdots, n$；$k = 1, 2, \cdots, 5$），其中 M_{ijk} 是 M 个评价者对第 i 个因素组第 j 个因素第 k 个等级的评语个数。n_i 表示第 i 个因素组中因素的个数。

（5）结果。

采用加权平均法。因素评语指标为

$B_{ij} = \sum_{k=1}^{5} S' * r_{ijk}$（$i = 1, 2, 3, 4$；$j = 1, 2, \cdots, n_1$；$k = 1, 2, \cdots, 5$）。

因素组的评判结果为 $B_i = A_i^{(2)} * (B_{ij})^T = \sum_{j=1}^{n_i} a_{ij}^{(2)} * b_{ij} = (0.776, 0.740, 0.635, 0.782)$。

故综合评价结果：$B = A^{(1)} * (B_i)^T = \sum_{i=1}^{4} a_i^{(1)} * b_i = 0.738$。

（6）结果分析和策略选择。

计算结果 B_i 和 B，与量化的综合评价向量 $S = (0.9, 0.75, 0.6, 0.5)$ 相比可得：该公司总体技术水平尚处于一般水平。信息技术的评价水平在技术四要素中最低，仅为0.635，该公司很明显，在信息上远远落后于国内一流水平，刚达到一般水平。

从表3.3也可以看出，该公司在网络系统和信息的利用上尚处于一般甚至很差的水平，对信息应用尚处于成长期，而且数据库和监控系统还不健全，对信息的利用和开发效果不好。该公司组织技术水平评价最高，该公司组织机构健全，人员安排合理并且发挥效果较好。但是，公司的研究开发经费占销售收入的比例太低，没有足够的经费进行研究开发。公司员工作效率较高，但是研究开发人员，还有待进一步培养。从以上评价中可知，该企业的技术装备明显落后于国家一流水平。❶

表3.3 某电力公司技术模糊评价表

	指标 $a_{ij}^{(2)}$	r_{ijk} 极好	好	中	差	极差	B_{ij}
设备	设备的装备水平 (0.41)	0.00	0.60	0.30	0.10	0.00	0.75
	设备的利用率 (0.07)	0.30	0.40	0.10	0.10	0.10	0.80
	设备的运行情况 (0.11)	0.20	0.40	0.20	0.10	0.10	0.77
	设备的自动化程度 (0.41)	0.20	0.50	0.20	0.10	0.00	0.80
人力	工人的工作效率 (0.087)	0.20	0.30	0.20	0.10	0.10	0.69
	管理人员的工作效率 (0.252)	0.10	0.20	0.30	0.20	0.20	0.69
	技术人员的工作效率 (0.252)	0.30	0.30	0.20	0.10	0.10	0.80
	研究开发人员的效率 (0.155)	0.00	0.10	0.40	0.30	0.20	0.64
	人均利润 (0.155)	0.30	0.30	0.30	0.10	0.00	0.81
	人员平均所受的教育 (0.021)	0.10	0.20	0.20	0.20	0.30	0.70
	敬业精神 (0.078)	0.10	0.30	0.50	0.10	0.00	0.75
信息	管理信息系统 (0.111)	0.10	0.40	0.50	0.00	0.00	0.77
	数据库系统 (0.111)	0.20	0.50	0.30	0.00	0.00	0.81
	监控系统 (0.232)	0.10	0.30	0.30	0.10	0.20	0.71
	网络系统 (0.036)	0.00	0.30	0.30	0.30	0.10	0.68
	信息利用情况 (0.510)	0.00	0.20	0.30	0.10	0.20	0.53
组织	各类人员的比例 (0.067)	0.60	0.30	0.10	0.00	0.00	0.91
	组织机构 (0.112)	0.30	0.40	0.30	0.00	0.00	0.83
	管理体制 (0.207)	0.10	0.30	0.40	0.10	0.10	0.73
	组织所出的等级 (0.376)	0.20	0.40	0.20	0.20	0.00	0.78
	研发占销售收入 (0.033)	0.00	0.10	0.20	0.50	0.30	0.67
	资金利润率 (0.207)	0.00	0.50	0.40	0.00	0.00	0.78

---

❶ 题正义. 对THIO的模糊评价 [J]. 辽宁工程技术大学学报, 2002 (6): 798-800.

(7) 策略选择。

2000 年后，用户参与电力市场竞争，政府允许用户自由购电。这意味着供电部门竞争会进一步激烈，更要求该公司制定完善的策略来迎接新世纪的挑战。根据以上评价结果制定策略如下：公司必须更新设备，并开发、引进先进技术，如卫星光纤通信设备、调度员培训仿真器等设备和能量管理系统（EMS）、在线经济调度控制（EDC）等技术。没有高的技术创新，企业就难以生存和发展；而高的技术创新，要靠高科技人才。全面激发、调动职工特别是科技人员的技术创新性，挖掘、发挥科技人员的智能和潜力；当今的世界是信息技术占主导地位的世界。今后需要强化完善信息渠道，建立信息网，积极开发在线服务和预测研究，提高信息利用率，并且应建立全行业的数据库系统和全过程监控系统，提高现代化信息水平。

五、预测竞争对手反应

企业在进行大规模技术研发攻关，或者进行技术联盟的战略实施时，应该注意竞争对手的反应。在互为竞争对手的企业之间，每个企业的专利战略都不可能是静态的或者单一的，而是动态博弈的关系。在计算机芯片技术飞速发展的今天，我们可以看到两个明显的竞争对手，那就是超微半导体公司（AMD）和英特尔公司（Intel）。AMD 公司在决定研发 Hyper Transport 技术（Hyper Transport 技术是一种具有可升级性的高速、高性能的端到端集成电路互联总线技术，该技术可为内存控制器、硬盘控制器和 PCI 总线控制器之间的数据传输提供更大的带宽）的同时，就考虑到 Intel 公司会采取进攻型的技术开发战略。果然，Intel 公司立即进行了前端总线技术的攻关，将要推出的通用系统互联技术（common system interconnect）。

在技术战略的攻坚上，Intel 公司有着雄厚的实力，显然不会后退半步。因此，AMD 公司在决定研发新技术的同时，推出了自己的另外一项行动——选择性地把 Hyper Transport 技术授权给其他公司，这项技术将会给 AMD 公司的很多合作伙伴带来巨大的好处。例如，在一些需要进行高性能的策略计算的领域，就会需要一些能够快速地进行浮点矢量计量的配置，利用 Hyper Tranport 技术，AMD 公司的合作厂商们就可在标准系统上增加专门用于浮点矢量计算的协同处理器或附加处理器，从而提升其相应的计算能力而不需要自己重新开发一个系统。其实，AMD 公司走的是技术联盟的路线，把自己的技术无偿地提供给合作伙伴使用，使用者在利用 AMD 公司提供的代码的同时，无形中也接受了他们的产品及其他配套的设备。

显然，Intel 公司面对 AMD 公司强势的技术战略不会视而不见，他们肯定会在以后的技术研发或者技术实施战略中有所反应。这样一对竞争对手你来我往、循环往复，博弈将进行多个回合。经过几次较量和分析，企业大概能够知道自己推出某种新技术后，竞争对手会有什么反应，具体情况又如何。具体的博弈过程如图 3.12 所示。

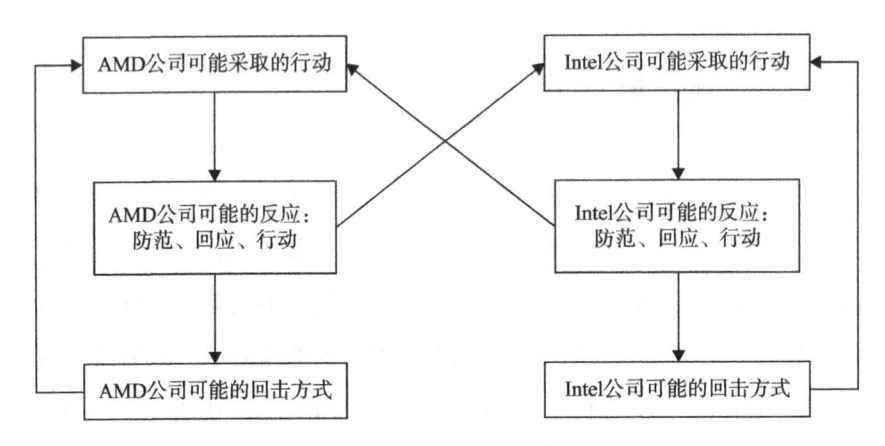

图 3.12　竞争对手反应模式图

六、选择企业技术战略

处于竞争中的企业技术战略可以分为三种形式：技术学习模式、嵌入式技术模式和独立技术创新模式。不同技术模式在研究与开发活动、产业组织结构、社会作用及教育与人力资源开发方面各有差异。处于不同发展阶段、技术水平、科研实力的企业适宜采用不同的技术发展模式。

技术学习模式是缩小低技术水平企业与高技术水平企业差距的一条重要路径。在技术学习模式中，研发人员一般不是某项产品或工艺的创新者，主要是通过高技术水平公司的技术转移方式获取先进的技术知识，并应用所获得的知识，不断改进和发展这些知识。其核心是通过规模经济、工艺改进、质量控制和标准化生产获取竞争优势。该模式的弊端是存在技术依附性，其学习的成功与特定的技术水平、生产范式有关。对于技术起点低、技术周期长、规模经济显著的传统企业，技术学习模式是实现技术追赶的有效方式。日本、韩国的企业使用这一方式，成功地实现了技术追赶。但对于技术变化快，技术的未来发展方向难以预期，技术变化呈现非连续性特征，反向工程困难，生产上没有显著规模经济的生产范式，技术学习模式是无效的。

嵌入式技术模式主要是地方企业利用跨国公司的内部化技术转移，参与其产业分工体系，通过与该企业的前向和后向产业关联，在该企业的某些生产阶段上实现专业化，并利用该企业的产业转移和技术转移所提供的发展契机，不断汲取创新信息，从而提升自己的技术能力。新加坡的许多企业成功地实行了这种技术模式，提升了当地企业的技术能力。实施嵌入式技术模式的重点是积极吸引跨国公司的直接投资，加入其国际化生产和技术开发体系；加强与跨国公司的技术联盟；吸引跨国公司的研发投资，在东道国建立其研发分支结构等。

独立技术创新模式沿着相反的技术运动轨迹发展。独立技术创新模式的主要特征是在技术上居于领先地位，依靠在基础研究中的优势，不断发明创造出新的产品和工艺，从而控制技术的发展方向，占据技术发展的制高点。技术创新模式能够实现企业利润的平稳增长，不会发生大的震荡。由于技术学习模式与嵌入式发展模式均在不同程度上存在依附性、被动性和落后性，基础研究能力不足，难以驾驭技术发展方向，每当技术取得重大突破时，常常成为技术变革的牺牲品，技术创新模式正是为了弥补这些不足而产生的。对技术创新型的大企业，独立地进行技术研究与开发十分重要。

总之，在动态竞争环境下，自主创新型企业的技术发展，深受竞争对手公司技术战略的影响和约束。在这种影响和约束下，企业不存在单一的、固定不变的技术战略模式。技术学习、嵌入式发展、技术创新三种技术模式互不排斥、相互补充、协调发展。任何一种技术选择模式都有其局限性，重要的是对不同技术模式利弊及其成功应用的环境和条件要有清醒而深刻的认识。

第三节　企业技术情报预警系统的建立

预警系统是一个综合运用全部跟踪与监测成果为企业决策服务的信息系统。该系统用分析方法和数字技术建立起一种关联、运行和激活的机制，让技术信息活动起来，并由活的技术信息来支持科学决策。

从功能上讲，企业技术情报预警系统需要实现对竞争对手重要征兆信息的甄别、提取、计算转换，进行预警判断、发出预警信号，提出预警对策这样一个过程的自动化。

一、企业技术情报预警系统的构造与模型

一般的预警系统由预警知识获取系统、预警知识库、报警系统和人机界面四个子系统组成（如图3.13所示）。[1]

这是一个预警系统所必需的四个部分，其中每一部分的实现都涉及很多专业的知识。系统设计得越复杂，所使用的信息技术与算法就越多。一般预警系统的建立要集中信息技术人员、情报人员与企业业务人员来一起完成。

将竞争对手的信息内容和预警系统基本构造（如图3.13所示）的信息机制相结合，可以得到一个形如金字塔的预警系统模型（如图3.14所示）。

---

[1] 包昌火，谢新洲，黄英. 竞争对手分析论纲 [J]. 情报学报，2003（2）：44-53.

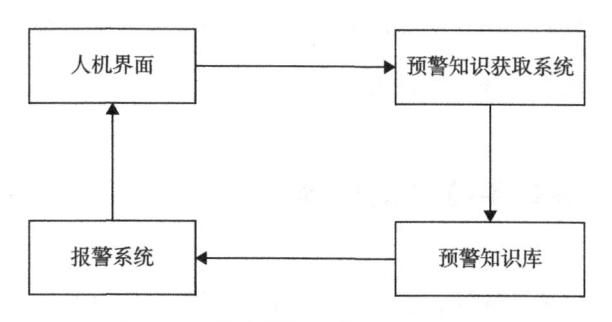

图 3.13　技术情报预警系统基本构造

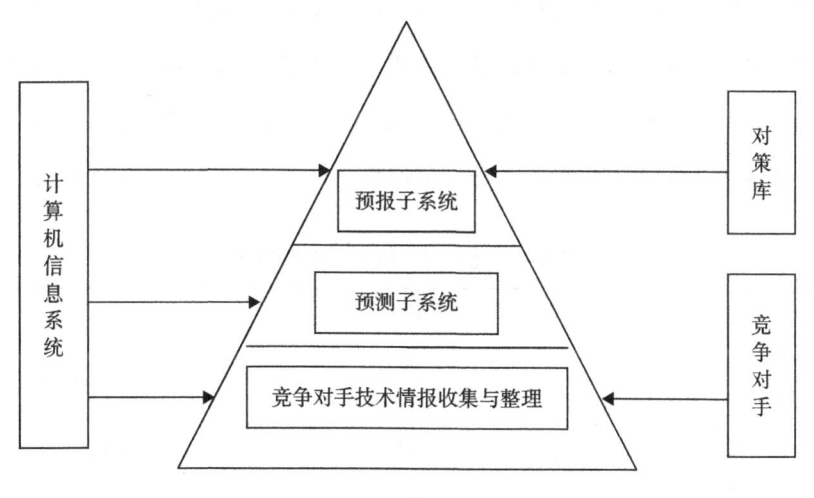

图 3.14　技术情报预警系统模型

从图 3.14 中可以看到，预警模型改造了原来金字塔模型的内部结构，增加了预控对策库和技术分析机制，这就为竞争对手跟踪与监测添加了时间和效率的翅膀。

竞争对手技术信息收集与整理功能块的功能包括通过网络收集和传递各种竞争对手技术信息、综合竞争对手基础数据库和动态数据库中的历史信息与即时信息、事实信息与判断信息，完成对竞争对手信息的甄别、提取、转换和推断。预测子系统实质是一个信息推断系统，以信息预处理模块输入的技术信息为原材料，跨越了竞争对手基础数据库和动态数据库，重点关注点的竞争性技术信息，实现由原始信息到指标量的计算转换、预测征兆信息的可能结果、推断缺乏信息的三大功能。预报子系统是竞争对手预警系统的核心,包括指标预警子系统和因素预警子系统两部分,要完成对竞争对手的综合评判和预报。

二、竞争对手技术动向预测

由于目前机器的智能化还达不到企业的要求,所以对许多信息的定性分析和预测主要由竞争情报分析人员来完成。竞争情报分析人员要根据重点跟踪与监测的技术信息及拥有或正在研制某种产品的企业设计出相关的预测表格。企业技术情报预警系统负责进行资料的调集和快速、高精度地计算,并定时替竞争情报分析人员填表分析。这样人机结合完成预测,是一种高效的工作方式。表3.4是一个预测竞争对手新产品的表格工具。

表3.4 竞争对手技术动向预测表

指标（f）	权重（r）	分数（s）
原材料（f1）	R1	S1
研发技术人员（f2）	R2	S2
新设备投入（f3）	R3	S3
专利申请数量（f4）	R4	S4
核心专利（f5）	R5	S5
技术商品化进展（f6）	R6	S6
购买专利技术（f7）	R7	S7
推广新理念（f8）	R8	S8
其他情况（fn）	Rn	Sn
结论	—	—

通过德尔菲法或者其他方法从f1到fn确定相应的n个权重Rn,指标在得分之后加权平均,如果平均值超过警戒线,那么就要发出警报,警报级别根据加权平均值超出警戒线的程度来划分。同时,这个预测表也可以作为定性描述的工具。结合f1到fn的变化,可以得出一个有关竞争对手技术动向的结论。例如,A公司通过以上产品技术链的方法确定了一个重

要的技术竞争对手 B，通过对收集资料的分析，他们对 B 公司的一项新技术产品 js 进行了评价，表3.5 是打分表。

表3.5 竞争对手技术动向预测表（实例）

指标（f）	权重（r）	分数（s）
原材料（f1）	7	70
研发技术人员（f2）	8	80
新设备投入（f3）	9	90
专利申请数量（f4）	8	60
核心专利（f5）	9	50
技术商品化进展（f6）	9	80
购买专利技术（f7）	4	10
推广新理念（f8）	6	80
其他情况（fn）	5	60
结论	—	—

对于 B 公司新技术产品 js 的评价：$P_{js} = (S_1 * R_1 + S_2 * R_2 + \cdots\cdots + S_n * R_n) = 4410$

假设公司设定的最低警戒线是2900，一级警戒线为2900~3900，二级警戒线为3901~4900，以此类推，那么可以看到，B 公司新技术产品 js 已经到了 A 公司的二级警戒范围。公司应该启动相应的反应机制来应对 B 公司的新技术动向。

在设定警戒线的同时，企业应该对各项指标进行严密监测，各项指标的变化虽然不一定导致总体评价 P_{js} 的必然变化，但是指标间的此消彼长能够显示出竞争对手的动向。例如，当对手大量招募研发人员的时候，可能是研发新技术并开始实施的前兆；新设备的投入表明对手已经完成了技术商业化的过程；采购大量原材料的时候表明对手准备大批量生产新技术产品；等等。当然，将各项指标相结合，更能够反映出对手的意图和动向。

第四节　技术情报跟踪与监测操作案例

天津科迈化工有限公司（以下简称"科迈公司"）作为一家民营的自主创新型企业，其发展一直以技术创新为基础，公司对创新有着执着的追求精神，这也是实施技术定标比超的企业文化基础。

一、科迈公司技术跟踪与监测背景

（一）公司概况

为适应国内外客户的要求，科迈公司准备将防老剂 RD 的产量提高到 6000 吨，届时防老剂 RD 可同时生产片状、粒状、球状、半球状等不同规格产品，满足不同用户需求。

开始调研时，科迈公司处于中试阶段的抗氧剂—SD 项目正在积极筹备中。预计该产品上市后，将进一步增强公司的核心竞争能力。

（二）研发力量

科迈公司具有大专以上学历的技术开发人员占员工总数 40% 以上，拥有 1 个研发中心、3 个研究实验室，并同天津大学研究中心、天津师范大学化学分析中心建立横向联系。科迈公司研发人员主要毕业于天津大学、天津理工大学，均为本科以上学历。横向合作单位人员均为讲师以上职称。科迈公司借助两所大学科研人员的力量，与国外先进技术接轨，先后开发出数项国际领先的产品。总之，企业拥有一支高效率、高水平的研发队伍。

科迈公司在保证正常生产的前提下，加大科研经费的投入，保证公司的持续发展。投入 200 万元利用 1 年时间在总工程师的领导下将防老剂 RD 产品质量提高到世界同类产品水平。

二、定标比超分析法

定标比超由英文 Benchmarking 翻译而来，也称为基准调查、基准管理、标高超越、立杆比超等。定标比超是不断发现企业内外、行业内外的最佳理念或实践，将本公司的产品、服务或其他业务活动过程与本公司的最佳部门、竞争对手或者行业内外的一流企业进行对照分析的过程，是一种评价自身企业和研究其他组织的手段，是将企业内部或者外部企业的最佳做法作为自身企业的内部发展目标，并应用于自身企业的一种做法。

而作为一种重要的竞争情报分析方法，我们又可以从这个角度对定标比超作进一步的理解：定标比超是运用情报手段，将本公司的产品、服务或其他业务活动过程与本公司的杰出部门、确定的竞争对手或者行业内外的一流企业进行对照分析，提炼出有用的情报或具体的方法，从而改进本公司的产品、服务或者管理等环节，达到取而代之、战而胜之的目的，最终赢得并保持竞争优势的一种竞争情报分析方法。

自从1979年定标比超分析法在施乐公司首创以来，定标比超的概念已为许多的企业所接受，并逐渐风靡全世界。在日益激烈的市场竞争环境中，越来越多的企业意识到定标比超之于企业生存和发展的重大意义——提高产品质量和生产效率、提高企业管理水平和客户的满意度，从而赢得和保持企业竞争优势。事实上，定标比超分析已经成为竞争情报领域的重要工具，福特汽车公司早在20世纪80年代初期，在进行一种新产品研制时便开展了定标比超，它列出了400多条用户认为最重要的汽车性能，然后找出各项指标均属一流的车型，千方百计赶上和超过强劲的竞争对手，最终造出了畅销的"金牛座"牌汽车。

定标比超的一般步骤如图3.15所示。

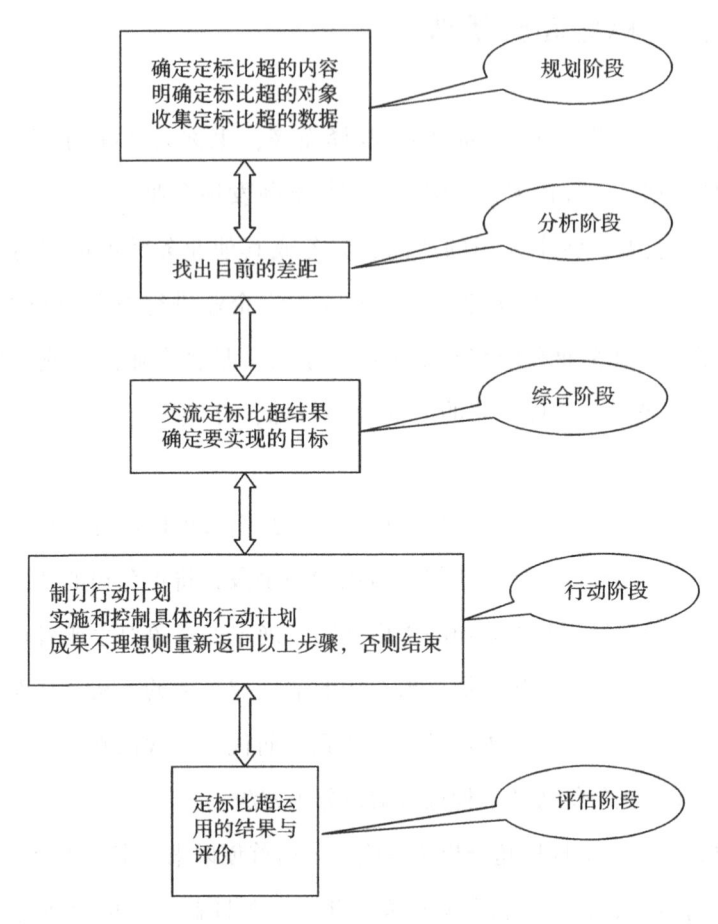

```
┌─────────────────────┐
│ 确定定标比超的内容      │ ←→ 规划阶段
│ 明确定标比超的对象      │
│ 收集定标比超的数据      │
└─────────────────────┘
         ↕
┌─────────────────────┐
│ 找出目前的差距         │ ←→ 分析阶段
└─────────────────────┘
         ↕
┌─────────────────────┐
│ 交流定标比超结果        │ ←→ 综合阶段
│ 确定要实现的目标        │
└─────────────────────┘
         ↕
┌──────────────────────────────────┐
│ 制订行动计划                      │ ←→ 行动阶段
│ 实施和控制具体的行动计划            │
│ 成果不理想则重新返回以上步骤，否则结束 │
└──────────────────────────────────┘
         ↕
┌─────────────────────┐
│ 定标比超运用的结果与评价 │ ←→ 评估阶段
└─────────────────────┘
```

图 3.15　定标比超的一般步骤

那么定标比超如何在技术跟踪与监测链条上使用呢？本书以科迈公司从技术研发到商业化过程为例来加以阐述与分析。在调研过程中，本书深入了解了科迈公司实施定标比超的过程，在省略关键分子式，具体数量指标的前提下，从竞争对手技术跟踪与监测角度出发，对其定标比超项目中的技术过程进行一个总体评述。

图 3.15 展示了定标比超的一般步骤，实际操作过程中，以上内容并非线性的，也并非一成不变的。以下分析科迈公司的定标比超过程，主要依据企业实际运行情况，因此与图 3.15 并非一一对应。

三、规划阶段

定标比超的规划阶段其实就是确定跟踪目标、实施跟踪与监测程序、收集整理信息的阶段,属于企业竞争对手技术跟踪与监测战术模型的前半段工作。

(一) 确定对象和内容

由本章开始的图 3.1 "产品—工艺技术交互模式"可以看出,由于产品和工艺及二者结合的创新都可以申请专利,因此在分析具体技术的时候,不仅要关注专利的外在特征描述,也要涉及专利产品或者工艺的细节问题。

1. 产品定标比超

这种定标比超的重点是产品,它首先确定以竞争对手或相关企业的某种产品为基准,然后进行分解、测绘、研究,找出自己所不具备的优点。通过这种对产品的反向工程,不仅可以对原产品进行仿制或在原有的基础上加以改进,还可以估算出竞争对手的成本。与自己的产品进行比较,可以估计出不同设计方案在现在和将来的优点和不足。产品定标比超是一种采用最早、应用最广泛的定标比超。如前所述,1979 年,美国施乐公司就在世界上率先成功地进行了产品定标比超。工程师们在对竞争产品观察、拆装和研究之后,不仅应该指出产品的设计特点和装配工艺,还要能以此了解顾客对产品的新需求,以及竞争对手满足顾客要求的新方法。

2. 工艺定标比超

工艺定标比超即通过对某一工艺过程的比较,发现领先企业赖以取得优秀绩效的关键技术环节,如在某个项目中独特的运行过程、原理、方法和诀窍等,通过学习模仿、改进融合使企业在该领域赶上或超过竞争对手的定标比超。工艺定标比超比产品定标比超更深入、更复杂。企业重新设计并应用一个工艺，是一件费时费力的事情，而且由于企业文化、员工情绪等的影响，工艺定标比超的实施并不是可以轻而易举完成的事情。因此，在进行工艺定标比超之前，一定要充分考虑各种制约因素，以保证最后结果的有效实施。

3. 技术竞争环境分析

通过产品技术链和产品技术竞争环境分析，科迈公司发现在防老剂市场中，抗氧剂研究是一种极具竞争力的新技术领域，许多轮胎厂、橡胶厂都在扩大生产。浅色橡胶制品所选用的抗氧剂主要由受阻酚类作为抗氧剂主体，大多数酚类抗氧剂都带有受阻酚结构，即羟基邻位带有空间位阻较大的烷基（烷基可以是不同的取代基），如行业内用量最大的抗氧剂264、2246等型号的产品。理想的抗氧剂应该是无色的，并要求在聚合物材料中应用时尽可能地减少对基质材料的污染，污染现象表现为聚合物基质的泛黄。这是由于抗氧剂自身氧化造成的。如何解决酚类抗氧剂在浅色橡胶中泛黄的问题，防止聚合物氧化，减少对基质材料的污染，是世界面临的一个普遍性问题。顺应这种需求，能在技术上领先，获得竞争优势，科迈公司将生产抗氧剂—SD的研究课题提到了公司日程上来。

4. 竞争对手及其关键技术的确定

通过竞争环境、竞争地位和竞争对手分析，科迈公司最后将南京某化工公司（以下简称"A公司"）的AT技术作为自己定标比超的对象，衡量的主要指标如下：平均产品价格（F_1），报价领先时间（F_2），产品线宽度（F_3），产品性能（F_4），消费者倾向（F_5），市场渗透力（F_6），客户满意（F_7），产品质量（F_8），等等。

经过对多家相关公司以上指标的衡量，发现A公司的AT技术是目前行业内领先的技术，10分为满分，具体比较结果如表3.6所示。

表3.6 科迈公司与A公司关键竞争技术指标对比

名称	F_1	F_2	F_3	F_4	F_5	F_6	F_7	F_8	F_n
A公司	8	9	8	9	8	7	9	9	…
科迈公司	7	9	7	8	8	9	9	7	…

通过分析发现，A公司的产品比科迈公司产品的品质要高，也就是说AT技术目前是同行业内的先进技术，明显优于科迈公司目前的技术。但是在市场和顾客期望中，科迈公司占有一定的优势，因此科迈公司把抗氧剂—SD的研究课题提到了公司日程上来，以期通过这一技术的定标比超，提高自己的产品竞争力，全面提升自己的竞争地位。

（二）数据收集

有了明确而又有效的信息源，数据的收集才可能既快速又有效。

1. 本公司内部信息源

研发档案；统计数据；与外单位的业务交流；公司内部专家；员工的各种社会关系等。

2. 企业外公开信息源

相关公开出版物，包括文献、期刊、报纸等；各种数据库；产品样本、手册；行业协会的通信、报告；政府文件、分析报告；研讨会、培训班。

3. 企业外非公开信息源

竞争对手的研发或其他相关人员；行业观察者如咨询人员、行业专家等；行业参与者，如供应商、顾客、广告机构等。

关于竞争对手数据的收集，科迈公司使用了一些巧妙的方法。科迈公司列出了一份关于竞争对手重要人员的清单（如人力资源经理、高级工程师等),然后密切关注这些人员的活动。例如,针对 A 公司的一位高级工程师曾经在一个行业协会的会议上发言,科迈公司在此之前准备好相关问题,然后趁他演讲之后的提问时间向他询问,这样就得到了别的方式无法获得的信息。另外,科迈公司在一些行业活动中,多次派自己的销售人员参观 A 公司,通过观察、提问及向对手公司的人员了解了大量关于 AT 技术的信息。

收集完大量数据之后,科迈公司以合理的格式、易于处理的方式进行保存,做好了对数据进行分析的前期工作。整个信息搜集过程完成后,形成了 56 张表格,数十篇说明材料,以及一些视频、音频资料。另外,在分析之前还做了一项重要工作,即对数据的有效性、准确性进行鉴别,保证了分析结果的正确性。

四、分析阶段

分析阶段主要任务是找出差距,并提出一个可能达到的水平,数据分析需要根据定标比超目标有的放矢地进行。

(一)成立定标比超团队

科迈公司定标比超团队由公司研发部门、生产部门、销售部门的负责人和天津大学、天津师范大学相关专家组成。职能和业务部门负责与自己相关的数据整理、信息分析,并形成一个专门的报告,在团队讨论会议上交流;大学专家主要负责数据信息有效性、准确性的鉴别,以及技术发展阶段与成熟程度等因素的评价;由整个团队一起负责制订总体定标比超方案和规划。

(二)根据相关指标进行信息分析

科迈公司定标比超团队将 A 公司的 AT 技术工艺与产品分解成基本要素和关键要素进行分析。基本要素包括:产品设计;标准—非标准;技术生命周期：长—短；技术的成熟程度：高—低；技术的先进程度：高—低；制造成本：高—低；生产能力：高—低；商业化速度：快—慢；资金支持：高—低；高层关注程度：高—低；研发力量：强—弱；劳动力质量：高—低；等等。关键要素包括：丁基化催化剂；工艺熔点；反应温度范围；蒸馏温度；分子量；与聚合物相容性；挥发性；耐热性好；无毒无异味；外观颜色；等等。

在整个分析的过程中，定标比超团队的应用者与大学的专业人士相互配合，从技术细节与生产环境等各个方面对各项指标进行评分。根据各类型数据分析的表格，大家进行充分交流和不断改进，最终形成各自的分析结果。

五、综合阶段

这个阶段的主要任务是找出科迈公司与 A 公司技术上的差距及原因。通过对前期分析结果的综合，确定科迈公司的努力方向和实现目标。这个过程形成了一个可以操作的方案，以有针对性地确定行动。因此，在这个阶段中，科迈公司定标比超团队将定标比超的结果及行动计划清楚地告知组织内的各个管理层，并让员工们有充分的时间来对它进行评价，从而得到有关的批评指正，得到大家的认可，减少定标比超结果实施的阻力。

（一）交流定标比超结果

定标比超团队将不同类型的分析结果进行整合分析，用关键成功因素方法（KSF）进行总结，将 AT 技术的先进指标总结为工艺流程、产品创新、成本控制、产品质量、人力资源 5 个方面（如表 3.7 所示）：

表 3.7 AT 技术与科迈公司现有技术指标对比

技术名称	工艺流程	产品创新	成本控制	产品质量（形状、外观）	人力资源
AT 技术	9	9	8	9	7
科迈现有技术	7	7	8	7	8

从表 3.7 可以发现，科迈公司的现有技术在产品和工艺上，明显落后于 AT 技术，但是公司的成本控制和研发人员力量却不低于甚至高于 A 公司。因此，科迈公司的研究发展能力有待进一步挖掘。而且，通过对 AT 技术的分析对比，发现科迈公司自己技术的多项指标难以短期内改进并提高到类似高度。

（二）确定研发新技术的目标

基于以上分析，科迈公司经过反复论证，提出了发展新工艺、制造新产品的目标，把技术创新作为超越竞争对手、取得竞争优势的指导战略。经过论证与对比分析，定标比超团队确定了研究发展新技术的目标，并获得公司决策层的一致通过。

作为新技术目标的抗氧剂——SD（对甲酚和二聚环戊二烯丁基化反应产物）项目提上日程。

设计思想的依据：

> 世界范围内的抗氧剂产量随着橡胶的用量在同步增加，而随着浅色橡胶制品如乳胶手套、安全套、医用胶管、浅色鞋等的产量增加，与其相匹配的抗氧剂的量也随之增加。而研究和生产符合浅色橡胶制品的抗氧剂（如解决浅色橡胶制品变黄问题）具有十分好的前景。根据文献报道和我们的市场调查发现，目前浅色制品所用抗氧剂主要为酚类 264（BHT）其缺点为由于分子量较小（220.4）挥发性高，且易变色，为了解决 264（BHT）在浅色橡胶制品中的挥发性、易变色等缺点。本公司与天津师范大学联合开发酚类抗氧剂—SD。

设计中，抗氧剂——SD 的指标要求达到：

物理性质：白色粉末

平均分子量：650

相对密度：1.1

密度（千克/立方米）：320

熔点（℃）：≥105

灰份（%）：≤0.30

可溶性：溶于有机溶剂，如丙酮

与目前 A 公司的 AT 技术指标比较：

二者反应原理比较如表 3.8 所示。

表 3.8 SD 技术与 AT 技术关键指标比较

技术指标	抗氧剂——SD	AT 技术
熔点	105℃	69℃
分子量	650	220.4
变色性	不变色	长时间变黄
挥发性	不挥发	挥发（分子量小）

AT 技术为对甲基酚与异丁烯在催化剂存在条件下进行烷基化反应完成（分子式略），而抗氧剂——SD 是首先进行烷基化反应，而后烷基化反应产物又同异丁烯进行丁基化反应得产物（分子式略）。

从抗氧剂的反应原理可以看出，抗氧剂——SD 作为空间位阻聚合酚类抗氧剂，由于引入丁基化反应，使其具有很大的空间位阻和高度的电子离域性，用于聚合物中（浅色橡胶）能够供出氢原子，使聚合体活性自由基终止防止老化性能明显优于 AT 技术，此论点在应用中也得到证实。总言之，抗氧剂——SD 由于引入丁基化反应，其最终产品用于聚合体中优于 AT 技术。SD 技术具有以下特点：分子量适中（650 左右），与橡胶有较好的相溶性，挥发损失小，耐热性好（浅色制品不变色），符合了当前聚合物（橡胶）抗氧剂向高效、无毒、耐热、抗变色方向发展。

六、行动阶段

行动阶段这个阶段主要是制定、实施和控制具体的行动计划,科迈公司定标比超行动计划如表3.9所示。

表3.9 科迈公司定标比超行动计划

生产工艺流程（软件除外）	对甲苯酚二聚环戊二烯（催化剂1）→反应Ⅰ→减压蒸馏回收过量甲苯酚→补加容剂甲苯和催化剂2→反应Ⅱ→后处理剂→减压蒸馏回收甲苯→冷却造片→成品（片状）；粉碎→成品（粉状）
必备的生产条件	公司现有自来水管网可用，电网直接进入工厂。 蒸汽：工厂现有共10吨蒸发量汽锅炉，目前有中试设备一套，计划建500m²，年产500吨的一期工程。 合格的原料供应商、生产体系包括车间、检测、设备、配方、员工均已配置整齐
项目产品化实施计划的具体进度安排	抗氧剂——SD 进度安排： 1. 2005年8月—2005年12月完成中试生产，使产品的质量指标稳定，再规定标准范围，并向日本住友天津公司、大柯上海公司提供批量中试产品。同时完成年产50吨一期工程的安装设备500平方米（1000吨生产能力厂房）工作，同中试同步进行2005年11月提供正式产品。 2. 2006年1月—2006年6月完成150～200吨的生产目标，将销售范围扩大到马来西亚、泰国、韩国等地。 3. 2006年6月—2007年完成1000吨的生产能力设备人员基础设施的配备工作。同时，将产品销售扩大至全国各大乳胶厂，销售目标500吨/年。 4. 期间做好市场调研，用户宣传广告员工培训工作给生产销售工作提供支持
产品化拟执行的质量标准类型	企业标准

七、评估阶段

项目技术实现主要面临的风险为：如何尽快完成由中试到大生产的过渡；大生产的工业产品尽快进入市场销售及市场由于价格变化而可能导致的风险。

为了防范风险公司采取如下应对措施：加大资金投入完成中试向生产过渡，尽快实现工业化，生产出合格产品；利用科迈公司的销售网络优势，扩大市场范围，增加用户；科迈公司将进一步加强研究开发中心工作，更好地指导生产；提高产量，扩大销售范围，如在塑料行业、浅色鞋中应用。

定标比超的最终目的是发现不足、努力改进，赶上并超过竞争对手或借鉴其他行业的成功经验，获得最大程度的进步。因此，如果没有将定标比超的结果实施或者实施不力，则前几个阶段的努力都将毫无意义。在实施定标比超目标的过程中，需要全程进行监控和评价。监控是为了保证实施按计划进行，并随时按照环境的变化，对定标比超的实施过程进行必要的调整；而评价则是为了衡量定标比超实施的效果。如果定标比超没有取得满意的效果，就需要返回以上环节进行检查，找到原因并重新进行新的定标比超项目；如果定标比超的效果是理想的，则应该通过评价这个环节，从中总结经验、吸取教训，以帮助以后的定标比超工作的顺利进行。

企业专利战略：竞争情报模式 第四章

  第三章中所介绍的技术跟踪与监测主要运用的是对技术情报分析与利用的方法。专利作为一种权利化的技术，其情报价值更为突出。尤其是利用专利竞争情报对竞争对手进行跟踪与监测，成为一种新型的竞争情报活动。专利竞争情报是指在专利申请与生成及商业化过程中所产生的一系列情报信息。专利竞争情报是围绕专利技术与产品而展开的，是指企业为了在激烈的市场竞争中赢得并保持优势地位，对竞争对手、竞争环境及企业自身的专利信息进行合法收集、控制、分析和综合，并对其技术或战略发展趋势作出预测，形成持续的、增值的、不为竞争对手所知的、对抗性的核心能力，从而为企业的战略和战术决策提供依据的智能化活动过程。[1] 根据竞争情报理论的一般观点，专利竞争情报既是一种产品，也是一个过程。作为产品，它指的是对专利竞争情报处理分析后的结果；作为过程，是指围绕专利竞争情报展开的一系列有竞争目的的活动。

  专利竞争情报的最终服务目标是专利战略的制定。专利战略是企业围绕专利展开的一系列管理活动，不仅包括了基本的专利战略，而且包括了针对竞争者的防御战略与进攻战略。本章将对专利竞争情报和专利战略二者之间的关系展开论述。

---

[1] 沈丽容. 竞争情报：中国企业生存的第四要素 [M]. 北京：北京图书馆出版社，2003：2.

第一节 专利竞争情报及其类型

专利管理情报、专利技术情报和专利法律状态情报是企业竞争中常用的三种竞争情报类型，专利管理情报的运用最为广泛。

一、专利管理情报

专利管理情报是有关竞争态势的宏观情报具体涉及专利技术发展动向、专利产品开发趋势、专利产品开发、人力资源投入、专利竞争情报能力等方面的内容，又可以细分为历年专利动向、专利占有比例、专利排行、专利平均年龄、发明阵容、重要专利引用、IPC 分类（国际专利分类）、专利类型、企业定位分析、战略规划、进攻能力、防御能力、纠纷处理、专利竞争情报能力等类型。

（一）专利动向

历年专利动向情报反映了专利数量（申请数量或授权数量）与时间之间的关系，可以用来说明某一国家、地区或专利权人的专利申请或授权动向，一般以年度为时间统计单位，常用折线图或柱状图表示（如图 4.1 所示）。通过专利动向情报，大致可以了解某一技术领域的专利变化趋势，从而推断某项技术所处的发展阶段及各时期内的研发投入情况。[1]

（二）专利占有比例

专利占有比例情报反映了各个国家、地区或专利权人的专利占有情况，常用饼状图表示。通过专利占有比例情报可以确定主要竞争对手及其

---

[1] 吴新银. 专利地图在企业专利战略中的应用研究 [D]. 武汉：华中科技大学，2004：48.

实力。图 4.2 是在激光信息存储领域技术领域，我国相关企业申请的发明专利占有比例饼状图，由该图可看出一些大型企业在该领域有较明显的优势，如果有某个企业想要进入该领域发展，那么就可以由此来基本确定一下自己的主要竞争对手。

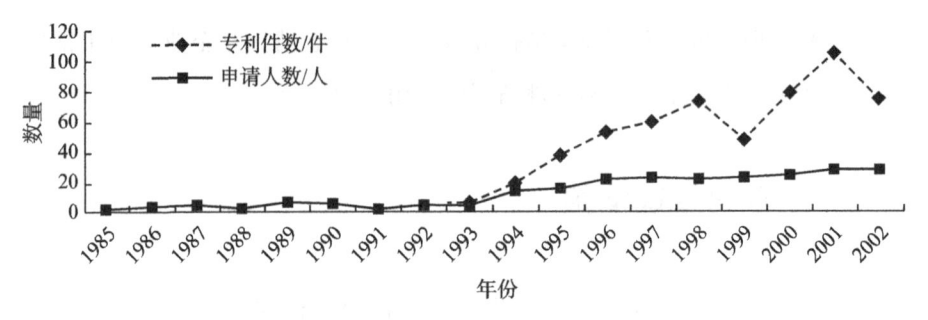

图 4.1　我国激光信息存储领域历年专利申请动向图

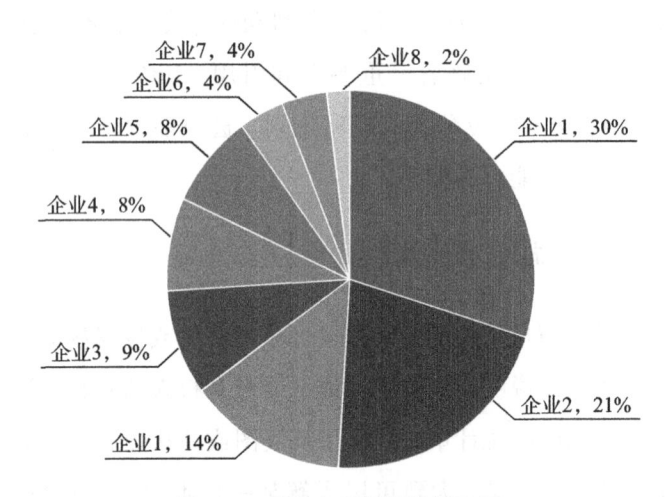

图 4.2　企业专利申请数量比例

（三）专利排行

专利排行情报反映了专利竞争实力的大小，通常用表格或雷达图表示专利排行情况。通过某一时间段企业专利申请（或占有）数量的排序，可以形成专利排行榜，作为判断某时间段内企业的绝对专利竞争力的依据❶（如图 4.3 所示）；通过不同时间段内企业专利排行变化情况分析，可以判断评估某企业专利竞争力的动态演变情况（如表 4.1 所示）。当然，这种方式并不能说明某个企业专利数量多，那么其实力就一定强。还要考虑到专利类型、专利的生命周期、专利的实用化程度等一系列要素。因此，在具体分析企业技术实力的时候，一般要结合这些要素进行综合考虑。

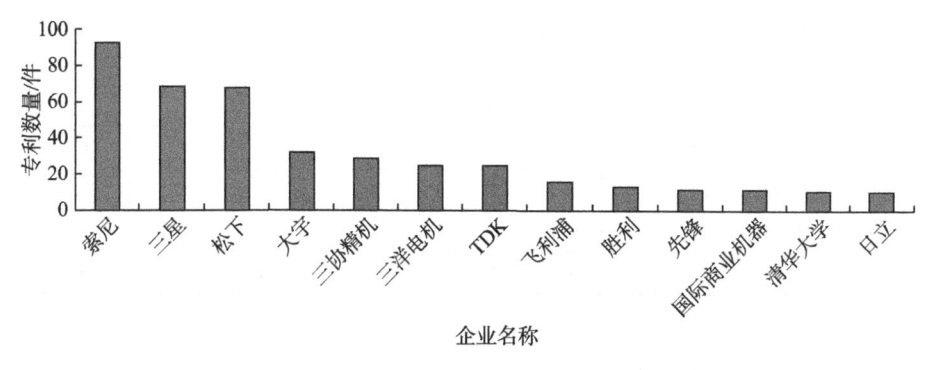

图 4.3　主要竞争公司专利排行

图 4.3 显示了在中国激光信息存储领域某一时间段专利申请件数累计超过 10 件者的 13 个专利申请人（公司或单位）的专利申请数量（共 411 件，占该领域总专利申请件数之 70.5%）。其中，清华大学 11 件，其主要竞争对手为飞利浦（15 件）、胜利（13 件）、先锋（12 件）、国际商业机器（12 件）、日立（11 件）。

表 4.1 以技术分野年（技术有重大突破或应用范围扩增等重要年份）为时段划分标准，揭示了某技术领域十大企业的专利数量变化情况。从该表可看出，分野年分别为 1984 年、1991 年；其中，1981—1984 年，A、B、C 公司实力最强；1985—1991 年，H、F、I 公司实力最强；1992—1995 年，I、J、F 公司实力最强。15 年间，A 公司排名依次为 1、5、9，实力逐渐衰减；相反，I 公司排名 9、3、1，实力逐渐增强。❷

---

❶　吴新银. 专利地图在企业专利战略中的应用研究 [D]. 武汉：华中科技大学，2004：6.

❷　吴新银. 专利地图在企业专利战略中的应用研究 [D]. 武汉：华中科技大学，2004：10.

表 4.1　十大企业专利排行消长示意表

1981—1984			1985—1991			1992—1995		
名次	企业名称	专利数量	名次	企业名称	专利数量	名次	企业名称	专利数量
1	A	a1	1	H	h2	1	I	i3
2	B	b1	2	F	f2	2	J	j3
3	C	c1	3	I	i2	3	F	f3
4	D	d1	4	B	b2	4	H	h3
5	E	e1	5	A	a2	5	G	g3
6	F	f1	6	J	j2	6	C	c3
7	G	g1	7	C	c2	7	B	b3
8	H	h1	8	D	d2	8	D	d3
9	I	i1	9	G	g2	9	A	a3
10	J	j1	10	E	e2	10	E	e3

（四）专利平均年龄

专利年龄是指专利申请日至专利分析日的跨越年限。企业专利平均年龄情报反映了专利平均寿命和对其他企业威胁时间的长短，常用专利平均年龄柱状图来表示。专利平均年龄越小，对其他企业的威胁时间越长，受到其他企业侵害的时间也越长。图 4.4 中，企业 3、9、10 属于近期申请或获得授权的企业，企业 6、7 等则属于较早申请或获得授权的企业。对企业不同时间段的专利平均年龄比较分析的结果，可用来评估企业研发能力的成长或衰退情况。专利平均年龄逐渐变小，说明研发能力逐渐增强，反之说明研发能力衰退。

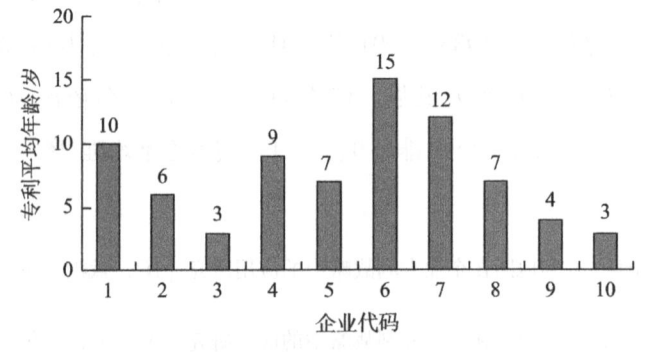

图 4.4　专利平均年龄

（五）发明阵容

发明阵容情报反映了各企业发明人数量、技术创新能力和研发投入等情况。各企业发明人数量常用柱状图或折线图表示。另外，根据发明人出现在专利文献上的时间，可将发明人分为过往发明人（指三年前的发明人）和新进发明人（指近三年内的新发明人）。通过企业发明阵容的新老比较，可以判断各企业近期在该技术领域上投入的人力和物力概况：若过往发明人数较多，新进发明人数较少，表示该企业后期技术研发投入较少，后续技术创新能力较差（如图 4.5 中的企业 2）。若企业过往发明人数较多，而新进发明人数也很多，则表示该企业对该技术领域持续投入，后续技术创新能力较强（如图 4.5 中的企业 9）。而图 4.6 以生物芯片领域的主要企业发明人申请专利数量为标准，详尽分析了各企业的技术创新能力。图 4.6 表明，以专利数量占比衡量，志（Chee）、马克（Mark）等人所在的美国 AFFYMETRIX 公司专技术创新能力最强；萨瑟恩（Southern）、埃德温（Edwin）等人所在的英国 OXFORD 公司次之；其他主要发明人还有：BRAX 基因公司的施密特（Schmidt）、冈特（Gunter），NANOGEN 公司的阿克利（Ackley）、多纳尔（Donald），东南大学的陈亚莉，清华大学的陈德朴。[1]

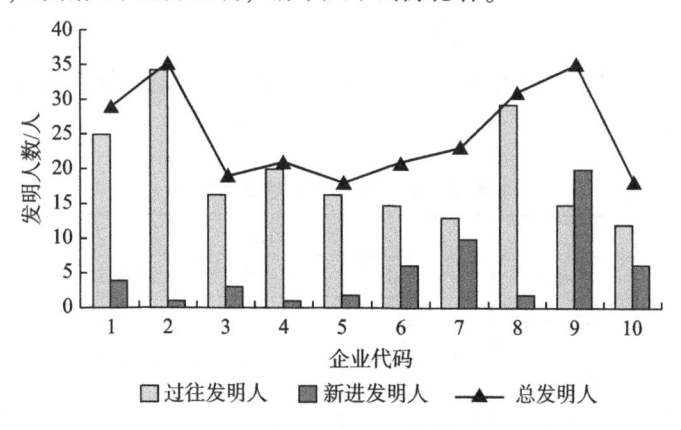

图 4.5　各企业发明人数量比较

---

[1] 生物芯片技术的专利情报分析[EB/OL]. (2010-10-15)[2020-11-13]. https://www.douding.com/p-88317633.html? docfrom=rrela.

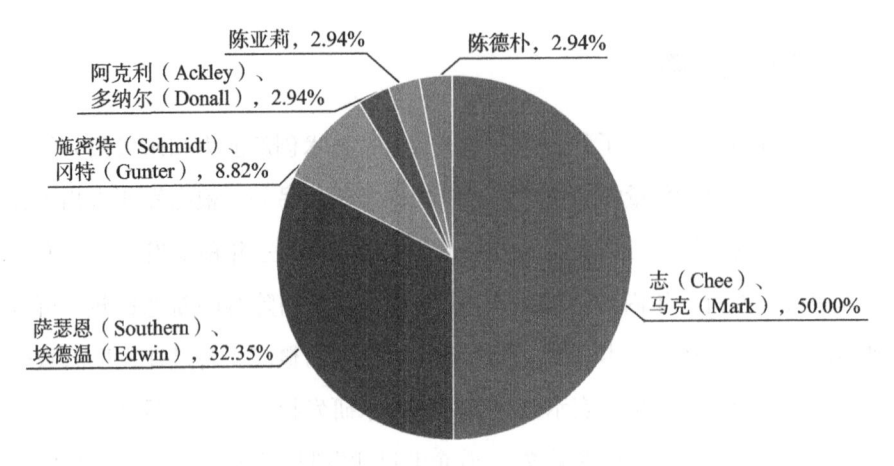

图 4.6　各发明人技术创新能力

（六）重要专利引用

重要专利引用情报反映了各企业在技术研发上的主从关系，通常绘制重要专利引用族谱，揭示重要专利引用情况（如表 4.2 所示）。通过各公司专利的引证、被引证、自我引证率大小的分析，可判断各企业在技术研发上所处的地位和各项专利的重要程度。被引证程度越高的企业，对技术创新的主导程度越大；而自我引证程度越高的企业，越不重视技术上的创新突破，仅依靠原有技术进行改进；被引证次数高的专利通常为基础专利。表 4.2 中列出了同类企业间相互引用的专利号，企业 B 专利的引证与被引证率明显高于其他企业。

表 4.2　重要专利引用族谱示意表

被引用企业	引用企业				合计
	企业 A	企业 B	企业 C	企业 D	
企业 A	97100414	97100216		98100316	
企业 B	96100313	96100313 96100412	96100313 96100316	96100313 96100318	
企业 C	98100212	98100213	97100123	97100219	
企业 D	99100316	99100316			
⋮					
合计					

（七）IPC 分类

IPC 分类（国际专利分类）情报反映了某具体的技术类别的专利数量多寡，常用柱状图表示。通过对某一技术领域全部专利的 IPC 统计分析，可以发现技术密集区域和技术空白区域；通过对主要竞争对手专利的 IPC 分类分析，可发现其研发投入重点、热点申请领域和技术优势。图 4.7 是某技术领域头部企业的 IPC 分类图，由图 4.7 可知，索尼公司的热点申请领域为 G11B7/00，该领域是其研发资金投入的重点领域，索尼公司在该领域具有明显优势。[1]

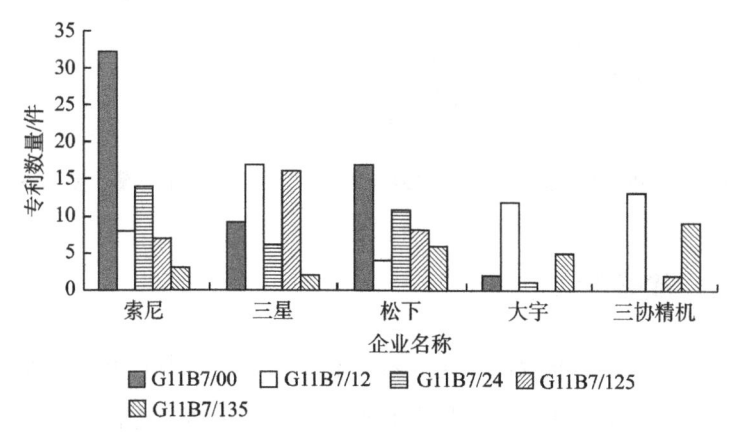

图 4.7　主要竞争对手申请专利的 IPC 分类分布

（八）专利类型

专利类型情报反映了专利的技术含量高低。人们常用饼状图（如图4.8 所示）来考察某一国家、企业、专利权人各类型专利的数量比例。发明专利是指为产品、方法及其改进而提出的技术方案，实用新型专利是为产品的形状、结构或组合而提出的技术方案，外观设计专利是指针对产品的形状、图案或其组合以及颜色、形状图案的组合所做出的适合工业应用

---

[1] 吴新银. 专利地图在企业专利战略中的应用研究 [D]. 武汉：华中科技大学，2004：22.

的新设计。通常，发明专利数量越多，比例越大，技术创新能力越强，技术先进性也越高；实用新型专利数量越多，所占比例越高，专利产品转化率越高，技术应用能力越强。而外观设计专利的技术含量最低，其数量越多，所占比例越大，设计与扩能力越强。

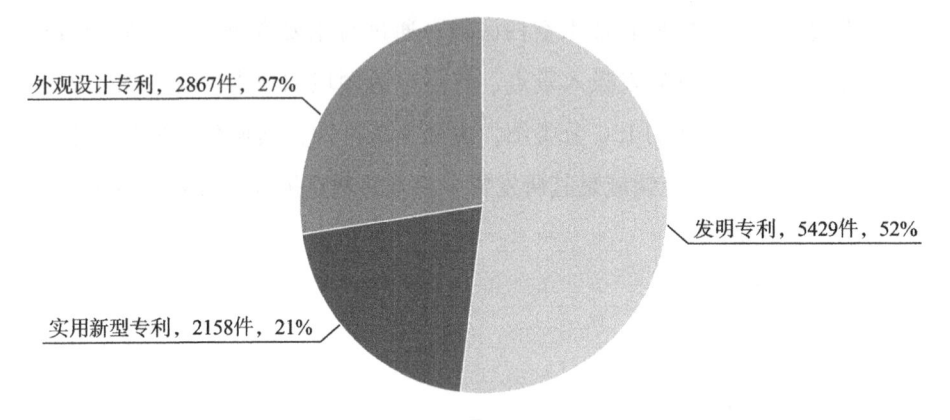

图4.8 专利类型饼图（图中文字为专利类型，数字为专利数量，专利占比）

（饼图数据：外观设计专利，2867件，27%；发明专利，5429件，52%；实用新型专利，2158件，21%）

（九）战略规划

专利战略规划情报反映了企业对专利战略的重视程度和战略重点，常通过考察一个企业是否定期制作专利战略规划、是否有专门的战略规划部门、制定专利战略的频次、战略规划的细化程度（如分为专利申请规划、实施规划、防御规划等）、战略规划的时间跨度等要素来定性评估。❶

（十）专利竞争情报能力

专利竞争情报能力包括对专利竞争情报的获取、分析和推理能力，专利竞争情报能力的高低直接影响企业专利战略的制定。专利竞争情报能力的强弱可以通过以下因素来衡量：专利竞争情报的获取渠道；情报内容的可靠性、及时性；从事专利竞争情报工作的人员数量、受教育程度、专利

---

❶ 刘平，张静，戚昌文. 企业专利战略的规划——基于项目管理方法的运用 [J]. 电子知识产权，2006（4）：36-39.

竞争情报分析能力；专利竞争情报系统的建设；等等。

二、专利技术情报

专利技术情报分析的主要目的是通过分析具体技术，了解其内容、功效、领域累积、技术生命周期等信息。

（一）专利内容情报

专利内容情报反映了某项专利的具体内容，可以通过分析专利申请书、参观访问、反向工程等方式获得，需要由专门的技术人员来详细解读。专利分析摘要表是专利内容情报的主要表现形式之一，该表通常包含如下信息：专利号、专利名称、国际专利分类号、发明人、申请人、申请日、公开日、发明目的、技术手段及技术效果等（如表4.3所示）。专利分析摘要表示挖掘专利内容的本质问题，将专利创作目的、专利达成率等。主要技术手段等一一分析，是一种比较有价值的竞争情报。

表4.3 专利分析摘要表

专利号	US 05393489A	国际专利分类号	C22，C13/00
专利名称	High temperature, lead-free, tin based solder composition	美国专利分类号	420/561；148/400；148/405
产品分类	焊接	申请日期	Jun. 16, 1993
申请人	International Business Machines Corporation	批准日期	Feb. 28, 1995
分析人员	周政宇、张道智	分析日期	Feb. 20, 2004

专利创作目的

1. 提供无铅焊锡成分。
2. 此焊锡可与Cu、Au、Ag、Pd等金属发生润湿反应，并形成化学与热稳定之介金属化合物。
3. 焊锡之熔点低，可避免电子材料的热损害。

续表

专利达成效果（主要参照 summary 或 background 最后几段）

1. 焊锡成分为 Sn（93.0%~95.5%），其次为 Ag（2.5%~3.0%）、Sb（0~2.0%），及 Bi（0~2.0%）。
2. 熔点介于 218~255℃。
3. 降服强度与抗拉强度分别为 31 与 59，伸长率为 35%。
4. 在 2500 psi 的拉力，23℃环境下，焊锡的破裂时间约为 70 天。
5. 焊锡成分为 Sn-3Ag-2Bi-2Cu 时，合金熔点约在 200~224℃。

技术主要手段（主要为 claim 中，各独立项所阐述的各种特别的方式）

波焊、电镀与锡膏

锡膏组成成分为下列范围者：

    Sn：93.5%~94.0%   Ag：2.5%~3.0%   Bi：1.0%~2.0%   Sb：1.0%~2.0%

    Cu：1.0%

……

资料来源：专利分析摘要表. http://e-pkg.itri.org.tw/leadweb/upload_doc/pan01.doc. 2005-9-2。

（二）专利技术—功效情报

专利技术—功效情报反映了实现某方面功效的专利数量和技术分布状况。通常用专利功效类别图表（如表 4.4 所示）和专利技术—功效矩阵表（如表 4.5 所示）来表示。

如在橡胶防老剂领域，A 公司收集了当前使用最广泛的 19 件专利技术并进行了功效分析。有 5 件专利大大提高了橡胶产品的老化速度，提高了抗摩擦性能，是核心技术；有 10 件专利可以降低成本，有 2 件专利可以减少污染，这 12 件技术是支撑技术；有 2 件专利提高了产品的使用与运输的便利程度，是外围技术。因此，专利功效类别表可帮助企业判断当前核心技术方向、水平以及相关技术的支撑度。

表4.4 A公司专利功效类别表　　　　　　　　　　　　　　单位：件

功效类别	提高质量	降低成本	减少污染	其他功效
专利数量	5	10	2	2

表4.5 专利技术—功效矩阵表

改进效果	子元件改进	结构改进	工艺改进	改进控制系统及方法	改进加热装置及方式	改进过滤装置	改进密封装置
减震降噪	1	6					
功能扩展		4	1	1			
提高产出效率	3	6	1		2		
提高产品质量		18	4	7	5	1	
提高系统可靠性和安全性	6	12		15	3	1	3
提高自动化程度		2		1			
改善可操作性		4		1			
改善美观度		1					
易清洗	3	20		3	1		
节约成本	1	4		3			
节能环保		3		1	2		

技术—功效矩阵表（Technology-Function Matrix）是专利地图的一种，是分解专利技术手段与达成功效，制成矩阵型的统计图表，达成功效作为横（纵）轴，技术手段作为纵（横）轴，表或图中一般是专利数量或专利编号。技术-功效图是一种对专利技术内容进行深层次分析的有效方法。通过技术—功效矩阵表的研究，可以一目了然地掌握"专利雷区"和"专利空白区"分布情况，可有效加强专利部署，在了解技术现状、分析竞争对手和协助制定技术发展战略方面具有重要作用。

技术—功效矩阵表是二维关联矩阵，虽然容易定义出哪一个技术—功效相交关联点是有意义的、是可实际进行研发的，但哪一个可实际进行研发的技术—功效相交关联点具有较高关键性、重要性及有较高开发价值？

仍要靠对技术及产业价值链熟悉的专家意见才可做出判断。❶

(三) 专利技术领域累积情报

专利技术领域累积情报反映了竞争对手在各技术领域专利数量的累积情况，常用雷达图表示。每条雷达线表示一个技术领域，雷达图的每个角代表一个竞争对手，角顶相对于中心的高度表示该企业在该技术领域上累积专利的数量。通过专利技术领域累积图可以比较直观地看出，各竞争对手的重点技术领域及其技术实力分布。图 4.9 中，企业 3 在技术领域 f1 实力最强，企业 2 在技术领域 f4 实力最强，企业 1 和企业 4 在技术领域 f3 实力最强。

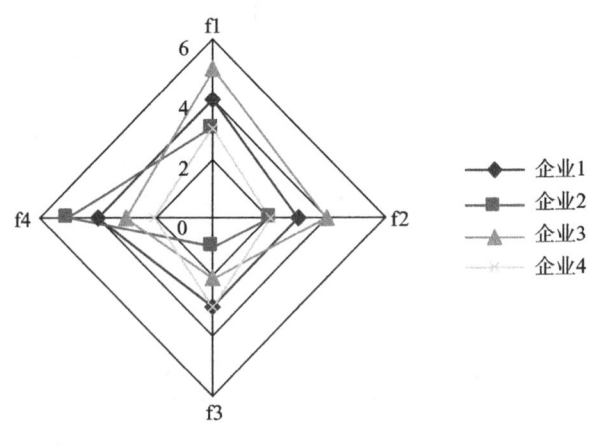

图 4.9 专利技术领域累计

(四) 技术生命周期情报

技术生命周期情报反映了各时期专利数量与专利权人数量的增减情况，揭示了技术所处的发展阶段，可协助企业确定当前或未来研发投入方向，常用折线图表示（图 4.10）。技术所处的阶段类型主要包括起步阶段、发展阶段、技术成熟阶段、衰退阶段。通常在技术起步阶段，专利数量和专利权人数量均较少，技术尚处于实验开发时期，未实现商品化；在技术

---

❶ 智财黑马.什么叫做技术功效矩阵图,到底如何做？[EB/OL].(2020-6-12)
[2021-1-22].http://www.360doc.com/content/20/0612/04/58095336_918093879.shtml.

发展阶段，专利数量大幅提升，专利权人数量亦增加，此阶段专利多为产品导向专利，表示第一代商品问世；在技术成熟阶段，专利数量继续增加，专利权人数量维持不变，此阶段以改进设计型专利为主，商品以占有市场为主要目的；在技术衰退阶段，专利数量维持不变，经市场淘汰，仅少数优势厂商生存，商品以改进型专利为主，技术无进展。通常在技术的生命周期处于发展阶段时，可加大研发投入，处在技术衰退期应减少研发投入。❶

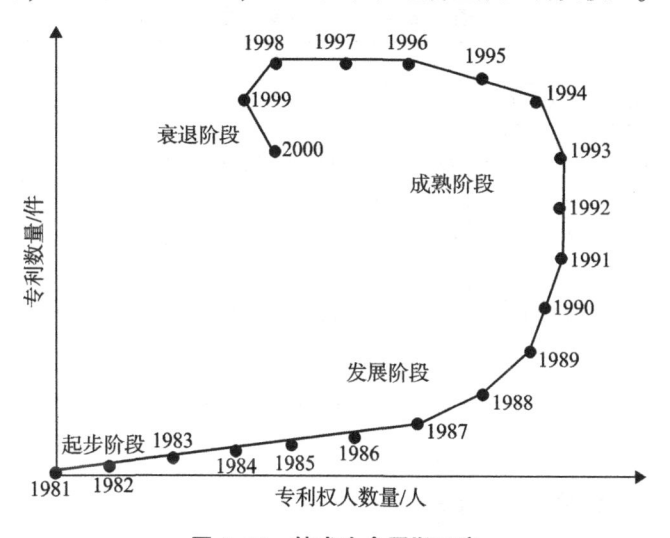

图 4.10　技术生命周期示意

三、专利法律状态情报

专利法律状态情报反映了专利的有效性、地域性，以及自该项专利被授权之后所发生权利人变更信息等。专利法律状态情报可以细分为：专利有效性、专利地域性和权利人变更情报。

（一）专利有效性情报

专利有效性情报反映了某项专利申请是否通过初步审查和实质性审

---

❶ 吴新银. 专利地图在企业专利战略中的应用研究 [D]. 武汉：华中科技大学，2004：28.

查、是否公开、是否被授权、是否仍然有效或因何种原因失效等专利法律状态情况。对于本行业或竞争对手的重要专利进行专利有效性情报监测，可以及时确定专利技术的使用时机、使用方式，为专利合作和专利诉讼提供法律依据。企业可以绘制重要专利有效性表格，一家芯片制造公司会关注芯片制备专利，如表4.6所示。

表4.6 重要专利有效性表

专利申请号	有效性						
	是否通过实质审查		是否公开		是否授权		是否无效	
	是（生效公告日）	否	是（公开公告日）	否	是（授权公告日）	否	是（无效公告日及决定号）	否
CN201811587627.6	是（2019.04.23）		是（2019.03.29）		是（2023.01.17）			否
CN201810160739.7	是（2018.12.15）		是（2019.01.18）		是（2023.01.13）			否
⋮								

（二）专利地域性情报

专利地域性情报反映了某项专利申请的范围和授权获取情况，通过专利地域性情报，可以推测专利先进性程度和竞争对手的市场策略等情况，为避开专利保护区域防止侵权提供客观依据。一般来说，专利获得授权的范围越广，说明该技术越先进，威胁力也越大。通过某企业在特定技术领域专利申请的国别分析，可以推测其进军国际市场的战略。另外，通过分析国外企业在中国的专利申请情况，可以及时发现其进军我国市场的意图。

（三）权利人变更情报

权利人变更情报反映了某项已经获得授权的专利，在授权之后权利人的名称、地址变更等情况。通过权利人变更情报可以确定该项专利的真正权利人及其具体信息，确定专利技术转让和商品化趋势。如专利申请号为"×××"的"优化五笔字型编码法及其键盘"专利，其原专利权人为

"王××",其后发生两次变更。表4.7说明,在审定公告和授权公告期间,北京市王码电脑总公司获得了该专利的授权,可能进行专利产品开发,但在这一阶段,它只是共同专利权人,而"河南省计算机中心"是专利权人;第二次变更后,专利权人变更为"北京市王码电脑总公司",因为当时开发的专利产品已经成熟,"北京市王码电脑总公司"急欲垄断市场。

表4.7 "优化五笔字型编码法及其键盘"变更历史表

专利基本情况	专利变更时间	专利权人/申请人变更	共同专利权人/共同申请人变更	专利权人地址/申请人地址变更
专利名称:优化五笔字型编码法及其键盘;专利号:85100837.2;审定公告日期:1989.02.15;授权公告日期:1992.06.29	1992.05.06	变更前为和"王永民",变更后为"河南省计算中心"	变更前为"无",变更后为"北京市王码电脑总公司、河南省南阳地区科学技术委员会、河南省中文信息研究会"	—
	1996.05.15	变更前为"河南省计算中心",变更后为"北京市王码电脑总公司"	—	变更前为"河南省郑州市行政区省计算中心",变更后为"100080北京市海淀大街1号7层"

第二节 专利竞争情报分析与企业专利战略制定

在经济全球化、技术竞争愈演愈烈的知识经济条件下,企业欲生存发展,必须实时监控竞争环境及竞争对手,采取有效的专利竞争战略,增加企业决策成功的砝码。因此,依据专利竞争情报,以竞争对手分析为主线,制定有针对性、切实可行的企业专利战略,是企业竞争制胜的重要环节。

一、基于竞争对手分析的企业专利战略制定步骤

基于竞争对手分析的企业专利战略制定主要步骤如下:①确认竞争对手;②分析对手技术实力;③评判对手专利战略;④预测对手反应模式;⑤制定企业专利战略。

(一) 确认竞争对手

确认竞争对手是竞争对手分析的基础。竞争对手的识别是指通过收集相关信息情报判断行业内外主要的竞争对手和可能的潜在对手。在进行竞争对手分析前,首先要制定竞争对手识别的标准。若标准太低,则竞争对手范围过大,加大了企业环境监测的信息成本;若标准太高,则竞争对手范围过小,可能导致企业无法应对来自未监测到的竞争对手的攻击。从广义上来说,进行同一技术领域专利申请的企业,都是竞争对手。但是由于技术实力的不同,企业应寻找专利申请数量、内容接近且存在市场竞争(包括潜在市场竞争)的企业作为主要竞争对手,最终形成竞争能力由强至弱的竞争对手一览表(如表4.8所示)。

表4.8 竞争对手一览表

时间:

序号	竞争对手名称	专利数量	主要技术领域	主要竞争地域	与本企业的相似程度	备注
1						
2						
3						
⋮						

（二）分析竞争对手技术实力

分析竞争对手技术实力是判断竞争者的专利战略竞争力的基础，也是参与技术竞争的必要准备。竞争对手的技术实力取决于研发投入、技术开发的人力资源及其创新能力，一般可以通过企业的专利申请数量、批准率、新旧发明人数量、专利成长率、重要专利引用率、专利平均年龄等专利指标推测企业技术实力。通过分析竞争对手技术实力，企业可形成竞争对手技术实力一览表（如表4.9所示），从而客观推测竞争对手的重点技术领域、技术威胁的时间长短、威胁力度的大小，进而避开专利雷区，防止侵权；也可以发现技术空白区，确立技术开发方向，遏制竞争对手。

表4.9 竞争对手技术实力一览表

时间：

序号	竞争对手名称	专利申请数量	专利批准率	发明人数量	重要专利引用率	专利平均年龄	备注
1							
2							
3							
⋮							

（三）评判竞争对手专利战略

竞争对手专利战略评判的准确与否，将影响企业专利战略制定的针对性和有效性。竞争战略越相似，企业间的竞争就越激烈。依据战略特征的不同，可以将竞争者划分到不同的战略群组中，位于相同的战略群组的企业具有相同的战略特征，企业间竞争也最为激烈。当企业的竞争对手较多时，可以根据所在的战略群组的战略特征来评判对手的专利战略。但需要注意的是，由于竞争力的变化，位于上下游战略群组的企业也可能成为潜在竞争对手。专利处境分析矩阵图能够考察竞争者的专利数量与质量，是测评某技术领域竞争者专利战略的有力工具，其中专利质量一般用测评企业的引用次数（或引用率）来衡量，引用次数（或引用率）越多，专利质量越高。随着专利数量和质量的变化，企业的竞争处境和采用的战略类型也不同（如图 4.11 所示）。

	低 ← 专利数量 → 高
专利质量 高	潜力者，混合型战略 / 领导者，进攻型战略
专利质量 低	落后者，防御型战略 / 追随者，混合型战略

图 4.11　专利处境分析矩阵图

（四）预测竞争对手反应模式

分析竞争对手的技术、评判竞争对手的专利战略，都是为了解释其可能的行动和反应，为制定企业竞争战略提供依据。预测对手的反应模式包括两个方面：①竞争对手可能的主动进攻模式；②竞争对手可能的被动防范模式。企业可以从竞争对手的进攻与防范能力、进攻与回击的难度、进攻与回击的有效力度等方面来预测竞争对手的反应模式。其中进攻、防范能力与竞争对手的技术优势、劣势等因素有关；进攻与回击的难度与技术密集度等因素有关；进攻与回击的有效力度与竞争对手的技术创新能力、技术优势和劣势、进攻与防范意识等因素有关。竞争反应模式分析表（如表 4.10、表 4.11 所示）是进行竞争对手的反应模式预测的有力工具。

表 4.10　竞争对手反应模式分析表 1——竞争对手回击预测

竞争对手名称：　　　　　　　　　　　　细分行业名称：

我方可能采取的行动	对手的防范能力	对手的防范难度	对手回击有效力度估算	我方的进一步回击措施
在其主要技术领域申请专利				
侵犯对方专利权				
……				

注：无回击时，有效力度为 0。

表 4.11　竞争对手反应模式分析表 2——竞争对手进攻预测

竞争对手名称：　　　　　　　　　　　　细分行业名称：

对手可能采取的行动	我方的防范能力	我方的防范难度	我方回击有效力度估算	对手可能的进一步回击措施
在其主要技术领域申请专利				
侵犯对方专利权				
⋮				

注：无回击时，有效力度为 0。

（五）制定企业专利战略

确认竞争对手、分析竞争对手的技术实力、评判对手的专利战略、预测对手的反应模式等环节的信息分析，为企业制定专利战略提供了客观依据。在制定企业专利战略目标时，首先要确定攻击目标、回避对象和合作伙伴。企业可以根据以下原则，来进行攻击目标、回避对象和合作伙伴的选择：①竞争者的强弱；②竞争者与本企业相似程度的大小；③竞争者的表现。企业可以兼并有一定数量专利的弱小竞争对手，增强本企业的技术实力；也可以采用交叉许可或引进重要专利的方式，与实力强大的竞争对手开展专利贸易；还可以利用自身的技术优势和竞争对手的弱点，攻击或回避实力相当的竞争对手。一般来说，技术和市场相似程度越大的企业，相互间竞争越激烈，也是专利战略的重点攻击目标或专利回避设计的对象。对于反应勇猛型的竞争对手，不到万不得已，尽量避而远之。对于常采取不正当竞争手段的竞争对手，可以组织行业企业联合对其攻击。另外，要分析自身的技术优势和劣势，并针对不同的竞争对手，专利工作的不同环节，制定具体专利战略。

二、基于专利竞争情报应用的企业专利战略制定过程

专利战略的制定离不开专利竞争情报，由于企业专利战略制定各环节的任务有所侧重，因此各环节中使用的专利竞争情报也有所差异。

(一) 专利竞争情报在竞争对手识别中的应用

根据专利文献分析,可以获得同类专利申请人或专利权人的名称信息,将获得同一技术领域的专利申请人或专利权人,按照专利数量进行排序,可以得到专利排行情报,从而可以初步客观地确认企业竞争对手名录。但应注意的是,不是所有的专利申请人或专利权人都是企业的竞争对手,如著名的科研机构或高等院校。因此,在正式确定竞争对手前,需要按照申请人或专利权人的类别(如个人、企业、政府部门、科研机构等),分析其专利占有比例,为后期专利竞争和合作提供必要的依据。对于政府部门和科研机构等非产品竞争对手,企业可以与他们开展技术合作,共同推动技术开发。而对于有一定生产规模的企业,则应密切监视其专利产品开发动向,并采取相应对策。在此基础上,对竞争对手名录上的企业,进行企业专利占有比例、专利类别、IPC分类、技术领域累积情报的分析,进一步确定各企业技术实力和技术的重点领域,并将技术实力相近者确定为主要竞争对手。例如,在关于检测肝炎的基因芯片方面,截至2022年12月在中国的国外申请者仅见株式会社东芝株式会社生物核心,其他均为国内申请,说明目前国内企业肝炎检测基因芯片的竞争对手主要是国内企业,按专利申请数量排名,依次为山东省医药生物技术研究中心、上海博华基因芯片技术有限公司、军事医学科学院放射医学研究所、上海生物芯片有限公司、上海晶泰生物技术有限公司、武汉大学等。[1] 排除研究所和高等院校,上海生物芯片有限公司、上海晶泰生物技术有限公司等企业是上海博华基因芯片技术有限公司的主要竞争对手。

(二) 专利竞争情报在竞争对手技术实力分析中的应用

企业专利数量的多少在很大程度上体现了企业的技术实力。通过近期竞争对手专利申请数量比较分析,可以判断其技术开发能力的强弱。通过

---

[1] 瞿丽曼,杨薇炯,肖沪卫. 专利情报在竞争力分析中的应用研究 [J]. 情报杂志. 2004 (9): 95-97.

专利排行消长情报分析，可以判断竞争对手企业技术创新能力的动态变化。通过发明阵容情报分析，可以判断竞争对手企业技术研发的人力资源情况、主要发明人及企业技术开发潜力。通过重要专利引用情报，可以确定拥有基本专利的重点企业，掌握本技术领域的核心技术。通过对特定企业的 IPC 分类分析，可以确定该竞争对手的技术重点领域和发展方向。通过技术领域累积情报分析，可以判断各竞争对手主要技术分布及其在特定技术领域上的实力强弱，进行技术追踪。通过企业平均专利年龄情报分析，可以确定竞争对手有效专利对本企业威胁时间的长短及其技术实力的动态变化。通过分析竞争对手专利批准率（授权数量占申请数量的比例）分析，可考察其技术的先进程度分析；通过分析竞争对手拥有的发明专利数与实用新型专利数量比例，可以判断企业技术产品开发的成熟程度。总之，可以通过专利文献中抽取的专利竞争情报，定量地评估竞争对手的技术实力。

（三）专利竞争情报在评判竞争对手专利战略中的应用

竞争战略取决于竞争者的专利地位和技术开发能力。根据竞争对手历年专利动向情报，可以判断其专利战略的持久性与技术开发趋势。根据技术-功效和 IPC 分类情报，可以判断企业技术投入方向、主要研发目的，从而确定其技术开发的战略目标和战略类型。根据竞争对手的专利技术领域累积情报和重要专利的技术生命周期情报，可以判断竞争对手的战略重点是侧重于基础专利申请战略还是专利产品开发。根据专利引用和专利占有情报的数据分析，采用竞争对手专利处境分析矩阵，可以确认竞争对手属于技术领导者还是追随者，是属于具有主动进攻者还是被动防卫者，从而确定竞争对手的专利战略类型，是属于进攻型专利战略，还是防御型专利战略或混合型战略。

（四）专利竞争情报在预测竞争对手反应模式中的应用

由于竞争对手的反应模式与技术优劣势、技术密集度、技术创新能力、进攻与防范意识等因素有关。因此，在竞争对手反应模式预测中使用到的专利竞争情报主要有 IPC 分类情报、进攻能力情报、防御能力情报、纠纷处理情报、专利竞争情报能力、技术领域累积情报、技术与功效情报。通过 IPC 分类情报、技术领域累积情报、技术-功效情报，可以判断竞争对手的技术优势和劣势，寻找进攻点和防范要害，推断竞争对手可能的行动目标和策略，设计企业的进攻或回击目标和策略。通过进攻与防御能力情报和纠纷处理情报，判断对手的进攻与防范意识，推测其进攻与防御的有效力度。由于专利竞争情报能力的强弱，对竞争策略选择具有重要影响，因此获取对手的专利竞争情报能力方面的情报，也十分重要。

（五）专利竞争情报在制定企业专利战略中的应用

确定攻击目标、回避对象和合作伙伴，要评估竞争者技术实力的强弱、与本企业相似程度的大小、竞争者的表现等情况，因此要用 IPC 分类、技术领域累积、技术与功效等情报。由于要进行专利战略选择，因此还要用到技术生命周期情报和专利处境分析来进行针对不同技术发展阶段和不同竞争对手的专利战略选择。而在专利信息调研、专利开发、申请战略的过程中，必然要用到技术内容、技术与功效、重要专利引用、失效专利等情报。专利实施和防卫战略的制定过程中，必然要用到专利法律状态、战略规划、纠纷处理等情报。

（六）专利竞争情报与企业专利战略制定的对应图谱

根据企业专利战略制定各环节的专利竞争情报使用分析，可以绘制出专利竞争情报与企业专利战略制定的对应图谱（如图 4.12 所示）。

图 4.12 中，各数字为专利竞争情报代码，具体对应关系如下：

1 代表历年专利动向情报；2 代表专利占有比例情报；3 代表专利排行情报；4 代表专利平均年龄情报；5 代表发明阵容情报；6 代表主要专利引用情报；7 代表 IPC 分类情报；8 代表专利类别情报；9 代表战略规划情

报；10 代表进攻能力情报；11 代表防御能力情报；12 代表纠纷处理情报；13 代表专利竞争情报能力情报；14 代表专利内容情报；15 代表技术与功效情报；16 代表技术领域累积情报；17 代表技术生命周期情报；18 代表专利的有效性情报；19 代表专利的地域性情报；20 代表权利人变更情报。

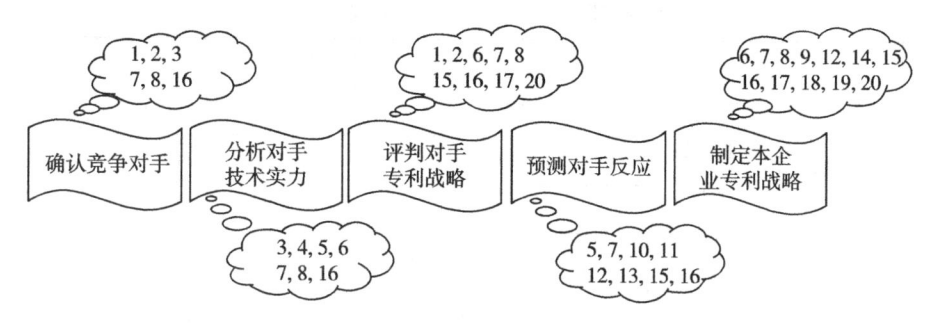

```
    1, 2, 3           1, 2, 6, 7, 8              6, 7, 8, 9, 12, 14, 15
    7, 8, 16          15, 16, 17, 20             16, 17, 18, 19, 20

  确认竞争对手   分析对手    评判对手    预测对手反应    制定本企
                 技术实力    专利战略                   业专利战略

                  3, 4, 5, 6            5, 7, 10, 11
                  7, 8, 16              12, 13, 15, 16
```

图 4.12　专利竞争情报与企业专利战略制定的对应图谱

第三节　运用 SWOT 分析法进行企业专利战略选择

一、SWOT 分析法及 SWOT 决策

SWOT 分析法，是一种综合考虑企业内部条件和外部环境的各种因素，进行系统评价，从而制定发展战略的重要方法。其中，S（Strengths）是指企业内部的优势，W（Weaknesses）是指企业内部的劣势，O（Opportunities）是指企业外部环境的机会，T（Threats）是指企业外部环境的威胁，上述要素企业战略决策的四大基本要素。

在对上述四大基本要素进行系统全面的分析后，企业即可按照扬长避短和取长补短原则，充分运用外部机会和内部优势，避免外部威胁，改进内部不足，选择适合自身企业情况的战略，共有四种战略类型：SO 战略、

WO 战略、ST 战略和 WT 战略（如表 4.12 所示）。SO 战略是利用企业内部的优势去抓住外部机会的战略，WO 是运用外部机会来改进内部劣势的战略，ST 战略是利用内部优势去避免或减轻外在威胁的打击，WT 战略是直接克服内部劣势和避免外在威胁的打击。[1]

表 4.12　基于 SWOT 分析的战略选择

内部因素	可选择的策略	外部因素	
		机会（O）	威胁（T）
		O1	T1
		O2	T2
		⋮	⋮
优势 （S）	S1 S2 ⋮	SO 战略 S1O1、S1O2 S2O1、S2O2 ⋮	ST 战略 S1T1、S1T2 S2T1、S2T2 ⋮
劣势 （W）	W1 W2 ⋮	WO 战略 W1O1、W1O2 W2O1、W2O2 ⋮	WT 战略 W1T1、W1T2 W2T1、W2T2 ⋮

二、分析对象及内容

运用 SWOT 分析进行专利战略选择分析时，要在了解行业技术竞争环境和现状的基础上，对本企业和竞争对手在技术竞争上的优势与劣势进行比较，从而制定能发挥本企业技术优势、避免技术劣势和弱点的专利战略。具体分析的内容包括专利申请的数量和质量、技术开发人力资源、研发资金投入、管理模式、外部环境（政治与法律环境、经济环境、技术环境、社会文化环境）等方面。

---

[1] 包昌火，谢新洲．竞争对手分析［M］．北京：华夏出版社，2003：39．

三、专利战略选择

基于 SWOT 分析法的专利战略选择的基本步骤是：①行业专利竞争环境分析；②企业专利竞争优、劣势分析；③竞争对手专利竞争优、劣势分析；④在上述基础上，进行企业和对手专利竞争优、劣势比较分析；⑤进行企业专利战略选择。专利战略选择后，会带来竞争态势的改变，从而又导致了新一轮战略选择的开始（如图 4.13 所示）。

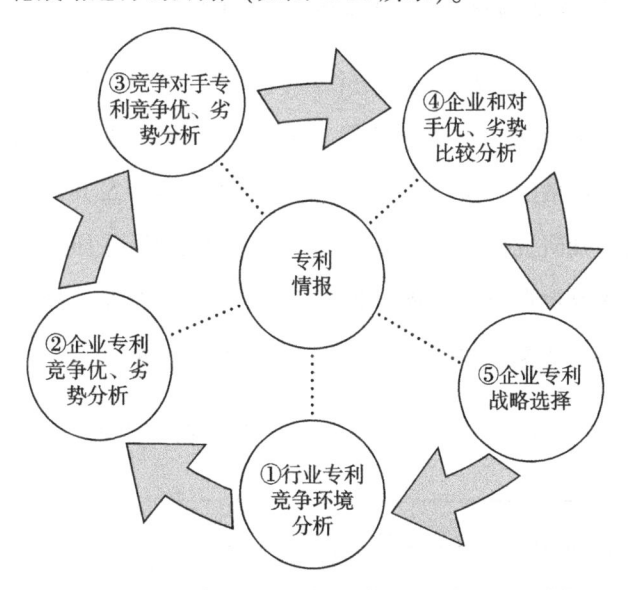

图 4.13 基于 SWOT 分析法的专利战略选择的分析循环图

（一）行业专利竞争环境分析

在行业技术竞争环境分析中，主要任务是：①利用行业专利考察表（如表 4.13 所示）等工具，考察并分析行业专利竞争概况；②确认对本行业和本企业有重要影响的技术，并分析其在技术生命周期中所处的阶段；③分析参与技术竞争的专利申请人或专利权人所属的类别，确认竞争对手的多寡及名单；④识别行业中的机会和威胁，如新材料的出现、替代产品或技术、顾客需求的变化、新政策变化、失去保护的专利等因素带来的机会和威胁。

表 4.13 行业专利考察表

考察时间范围：							分析时间：
考察对象	各类型专利数量						未来专利解决的主要问题
	实质审查专利	授权专利	失效专利	无效专利	近期重要专利	已实施专利	
行业							
本企业							

（二）企业专利竞争中的优势、劣势分析

企业的专利竞争优势、劣势分析中，主要任务是评估专利竞争相关资源和能力，形成企业专利竞争优势、劣势分析表（如表 4.14 所示）。其中，主要分析评估的内容：从事技术开发的人力资源及其创新能力、从事应用研究与基础研究的人员及成果比例、专利管理部门的设置及其权力、研发资金投入及重点投入领域、企业与行业中其他企业的技术合作数量及领域、与其他企业发生专利纠纷的数量及处理效果等。

表 4.14 本企业专利竞争优势、劣势分析表

分析时间：						
项目	优势、劣势					保持优势改进劣势措施
	优势			劣势		
	非常强（多）	较强（多）	一般	较弱（少）	非常弱（少）	
研发人员数量						
技术创新能力						
研发投入						
⋮						

（三）竞争对手专利竞争中的优势、劣势分析

竞争对手专利竞争中的优势、劣势分析步骤的主要任务是，分析竞争对手的专利竞争相关资源和能力，形成竞争对手的专利竞争优势、劣势表

（如表4.15所示），具体分析评估的内容与本企业相同，主要通过企业专利动向、发明人阵容、技术领域累积等专利竞争情报来进行推测判断。

表4.15　竞争对手的专利竞争优势、劣势分析表

分析时间：　　　　　　　　　　　　　　　　　　　竞争对手名称：

项目	优势、劣势					保持优势改进劣势措施
	优势			劣势		
	非常强（多）	较强（多）	一般	较弱（少）	非常弱（少）	
研发人员数量						
技术创新能力						
研发投入						
……						

（四）企业和竞争对手优势、劣势比较分析

对企业和竞争对手优势、劣势比较分析，形成企业和竞争对手优势、劣势比较分析表（如表4.16所示），确立企业面临的机会和威胁。表4.16比较明确地指出了竞争对手的优势、劣势、机会与威胁。

表4.16　企业和竞争对手优势、劣势比较分析表

分析时间：　　　　　　　　　　　　　　　　　　　竞争对手名称：

本企业 A				竞争对手 B	
				优势	劣势
				SB1	WB1
				SB2	WB2
				……	……
优势	SA1	SA2	……	均有优势，不差上下；机会威胁并存，力求超越对手	我优他劣；发现和利用机会
劣势	WA1	WA2	……	我劣他优；回避或转化威胁	均为劣势；机会威胁并存，拼抢资源，增强能力

（五）企业专利战略选择

根据上述优势、劣势分析，企业可以较为客观地判断出自身的优势和劣势，并识别出自身面临的机会和威胁，从而进行企业专利战略选择（如表 4.17 所示）。企业专利战略主要可分为以下三类：①进攻型战略；②防御型战略；③攻防结合的混合型战略。企业自身专利竞争优势越明显，面临的外部机会也越多。企业利用自身优势和外部机会可以规划实施进攻型专利战略，即对应的 SO 战略。企业自身专利竞争劣势越显化，面临的外部威胁也越多。当企业在行业专利竞争中明显处于劣势时，应尽快针对外部威胁，转化或消除自身劣势，实施防御型战略，即对应的 WT 战略。在优势、劣势不明显时，企业可以根据自身目标，灵活设计专利战略，适合采用攻防结合的混合型战略，即对应的 ST 战略和 WO 战略。

表 4.17 基于 SWOT 分析的专利战略选择

内部因素	外部因素	
	机会（O）	威胁（T）
优势 （S）	SO 战略 进攻型战略	ST 战略 攻防结合的混合型战略 以攻为防，攻防兼顾
劣势 （W）	WO 战略 攻防结合的混合型战略 力求进攻，不忘防御	WT 战略 防御型战略

四、专利战略方案

（一）SO 战略

选用 SO 战略的企业技术竞争优势强，面临的外部机会多，以进攻为主要特征。SO 战略主要包括以下战略：①以专利信息数据库和专利信息服务网络为主的专利信息调研战略;②以开拓型研发为主的专利研发战略;③以基本专利、专利网、抢先申请、分散申请为主的专利申请战略;④以独占实施、专利有偿转让、专利收买、专利回输、专利与产品结合、专利与商标、技术标准结合为主的专利实施战略(如图4.14所示)。

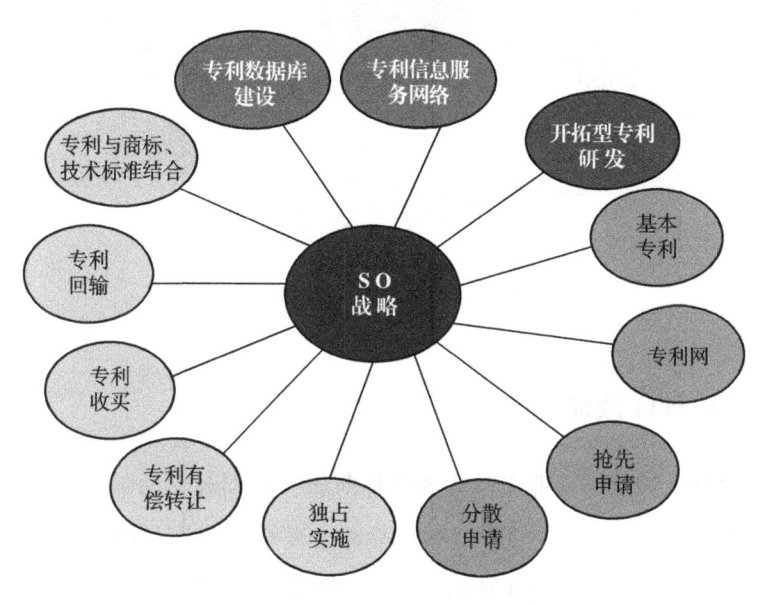

图 4.14 SO 专利战略方案

(二) ST 战略

选用 ST 战略的企业具有一定的专利竞争优势,但同时又面临着威胁,因此该战略可以以攻为防,要攻防兼顾。ST 战略主要包括以下战略:①以专利信息调查为主的专利信息调研战略,辅以专利信息数据库建设;②以失效专利开发、改进专利开发为主的追随型专利研发战略;③以专利网、抢先申请、绕开对方专利为主的专利申请战略;④以交叉许可、专利共享、专利回输、失效专利利用为主的专利实施战略;⑤以专利诉讼、取消对方专利权、文献公开为主的专利防卫战略(如图4.15所示)。

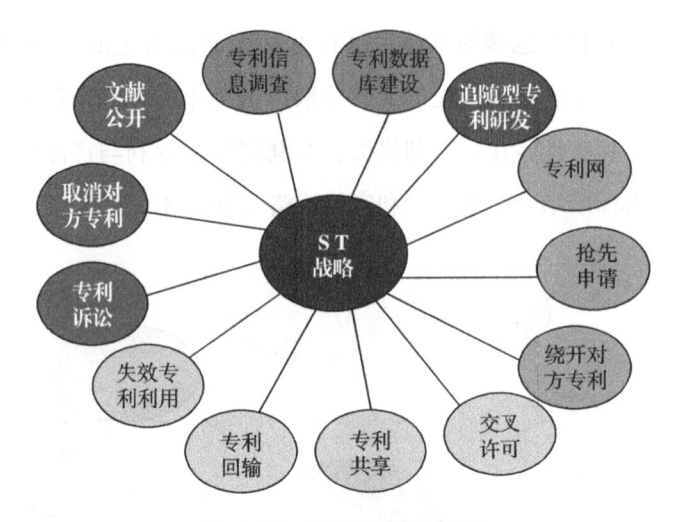

图 4.15 ST 专利战略方案

（三）WO 战略

选用 WO 战略的企业专利竞争优势薄弱，但同时又面临着机会，因此该战略要力求进攻，不忘防御。WO 战略主要包括以下战略：①以专利信息调查为主的专利信息调研战略；②以实用新型、外观设计专利开发为主的追随型专利研发战略；③以绕开对方专利为主的专利申请战略；④以专利引进、失效专利利用为主的专利实施战略；⑤以取消对方专利权、证明先用权为主的专利防卫战略（如图 4.16 所示）。

图 4.16 WO 专利战略方案

（四） WT 战略

选用 WT 战略的企业专利竞争优势薄弱，但同时又面临着威胁，因此该战略要以防御为主。WT 战略主要包括以下战略：①以专利信息调查为主的专利信息调研战略；②以外观设计专利开发为主的追随型专利研发战略；③以专利引进、绕开对方专利为主的专利申请战略；④以失效专利利用为主的专利实施战略；⑤以取消对方专利权、证明先用权、主动和解为主的专利防卫战略（如图 4.17 所示）。

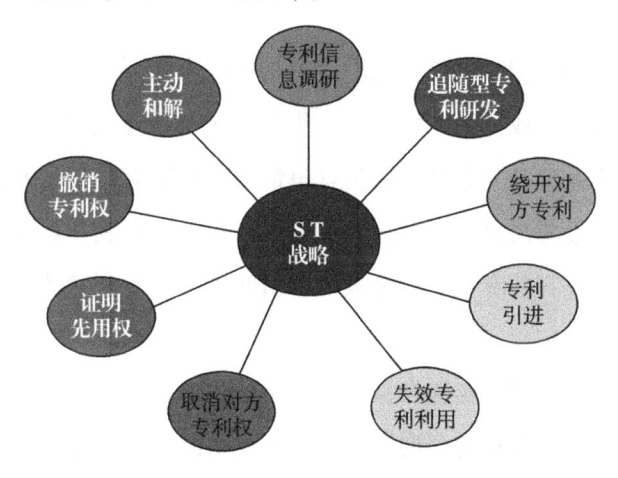

图 4.17　WT 专利战略方案

由于专利技术的开发与研究、申请与授权、引进与购买、实施与利用均需要考虑专利的价值，因此企业制定专利战略时，除了要根据 SWOT 分析考虑专利竞争能力外，还要根据专利竞争情报评估专利价值的大小。专利价值涉及专利的先进度、成熟度、复杂性、实用性、有效性、权利范围、实施成功率、实施风险和成本等诸多因素，可以用技术生命周期、技术与功效、有效性、地域性、专利权人变更、技术内容等专利竞争情报来分析判断。

总之，专利战略制定要将自身企业的战略目标、活动特征与专利价值的大小结合起来，充分利用外部机会和内部优势，并尽力将外部威胁和内部劣势的影响减到最小，最终稳固企业的竞争力和市场地位。

第五章 企业专利战略：反竞争情报模式

随着专利制度国际化趋势的增强和企业技术竞争激烈程度的提高，专利战略日渐成为企业占据并维持竞争优势、获取最佳经济效益的重要经营战略之一。企业自身充分利用专利竞争情报，制定有效的专利战略成为企业专利工作的重要内容，以合法地收集和分析公开专利资料来获得对手专利信息为主要内容的专利竞争情报活动由此产生，专利竞争情报是企业专利战中的利剑。

然而企业在制定和实施自身专利战略的同时，往往忽视了企业专利战略中的反竞争情报活动的开展，致使企业自身的专利战略活动和关键信息为竞争对手所获得。反竞争情报是专门针对现实的或潜在的竞争对手对本企业所进行的竞争情报活动而展开的一种通过对本企业自身商业活动的监测与分析来对本企业的核心信息加以保护的活动。企业专利战略中的反竞争情报工作贯穿企业整个专利战略过程的始终，尤其是指与企业自身的专利信息调研战略、专利开发战略、专利申请战略、专利实施战略和专利防卫战略相关的企业核心信息的保护工作。

第一节 反竞争情报

一、反竞争情报的内容

企业专利战略中的反竞争情报活动的实质是企业通过正当的、合法的手段积极抵御竞争对手对本企业专利战略核心信息的情报收集活动，反竞争情报工作贯穿企业整个专利战略过程的始终，具体指与企业自身的专利信息调研战略、专利开发战略、专利申请战略、专利实施战略和专利防卫战略相关的企业核心信息的保护工作（如图 5.1 所示）。因此，反竞争情报活动不仅包括研究企业自身的防御方式与途径，还要充分分析竞争对手对本企业的竞争情报活动，以保护本企业核心秘密信息。

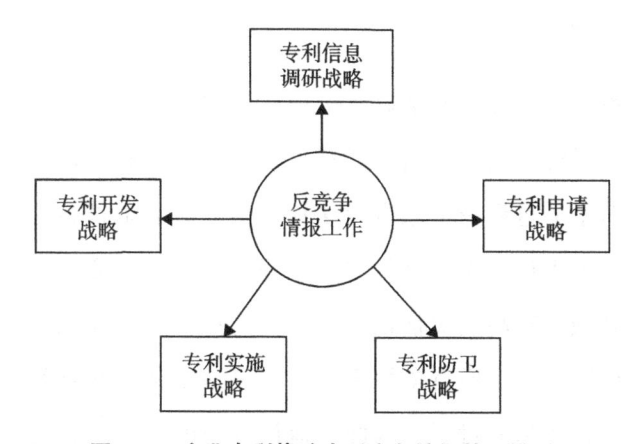

图 5.1 企业专利战略中反竞争情报策略模型

二、反竞争情报的特点

在企业专利战略中，反竞争情报活动和竞争情报活动是密不可分的。竞争情报以"攻击"为主，采取各种手段，通过各种途径，在合法的范围内,最大限度地挖掘与获取有关竞争对手的、自身所需的重要信息;而反竞争情报则是以"防御"为主,主动地对本企业的信息传播途径加以严格分级与控制,最大限度地防止竞争对手窃取或获得本企业内部的机密信息。反竞争情报保护的方法亦称为风险管理保护模式。这种模式与传统的风险避免保护模式最根本的不同在于,这种模式认为为了避免风险而将企业的秘密信息或情报存放于保险柜的做法是不足取的。❶ 因为企业本身就是一个开放的信息系统,必须不断地输入或输出各种信息,并借助于同外界的信息沟通和信息交流来维持并促进自身"肌体"的有机生长。因而,更强调对信息交流过程中,自身秘密信息被外界尤其是竞争对手获取风险的管理,而并不排斥信息的正常的交流。

除此之外,经过分析与总结我们基本上可以将反竞争情报模式归纳出如下特性:灵活性、流动性、连续性、针对性。下面就对以上特性逐一进行分析。

(一) 灵活性

反竞争情报除了具有同企业竞争情报相似的一些特性之外,最显著的特点就是灵活性。反竞争情报活动可以与竞争情报活动结合起来,即在调查竞争对手的过程中要想方设法地摸索对方获取情报的模式,同时又在反竞争情报工作中千方百计地保护好本企业的核心信息。这就要求反竞争情报必须具有高度灵活性,以便使情报防御活动在企业顺利开展并得到广泛认同。由于反竞争情报的方法灵活多样,而且经常是处于多种防御手段兼备实施的过程,因此对运用种类的选择及程度的把握是不可绝对化的,要因事、因人而异,以确保反竞争情报活动的作用发挥到最大限度。

---

❶ 陈维军,廖志宏. 我国企业反竞争情报研究综述 [J]. 情报理论与实践,2003:339-341.

(二) 流动性

反竞争情报作为竞争情报系统的重要组成部分，是在企业内部和外部信息正常流动和传递过程中完成的，必需保证信息在组织内部的良好流动与传递。保密意识的普及、商业秘密的传输、信息的循环及各类反竞争情报活动在组织内部进行的畅通无阻，这一切都是在信息流动中进行的，是否能够保证信息的正常流动和利用决定着反竞争情报工作的成败。因此，流动性是确保反竞争情报活动在组织内部正常开展的关键。

(三) 连续性

反竞争情报工作流程是一个连续的系统运作，从它的运行模式可以得知，反竞争情报工作是由若干个步骤组成并且由多个部门及多方人员的紧密配合才可以顺利进行和完成。这是一个必需连续运行的过程，这个过程主要包括竞争对手评估，自身弱点评估，制定对策，监测控制，发布过程，然后再进入最初的需求信息定义。这个过程必须是连续不断的循环运转，只有这样才能保证整个反竞争情报过程的有效运行。

(四) 针对性

由于反竞争情报是模仿竞争对手监测和分析企业自身商业活动的过程，由此便可在了解到竞争对手的监测手段和分析方法的情况下，有针对性地监测和分析本企业的商业活动，从而可看到在竞争对手眼中呈现出的本企业的运行和发展状况。反竞争情报尤其要严密监测竞争对手的活动，以及对对手的相关情况作出有效的评估。这样才能够量体裁衣，来制定本企业的信息防御策略。因此，针对性是反竞争情报模式的一个非常显著的特点。

第二节 专利战略中的反竞争情报方法

一、专利信息调研中的反竞争情报方法

专利信息调研是企业专利战略成功实施的基础和前提，对专利信息的开发利用可获得竞争所需的市场情报、技术情报及战略情报。❶

专利信息调研战略主要包括以下几种：专利信息调查战略、专利信息数据库建设战略和专利信息服务网络战略。企业在专利信息调研阶段主要通过严格公开资料的管理、合理处置垃圾废品和网络信息安全保护来有效开展反竞情报活动（如图5.2所示）。

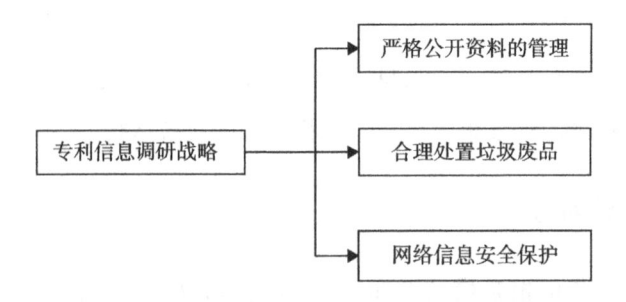

图 5.2　专利信息调研战略中的反竞争情报方法

（一）严格公开资料的管理

在专利信息调研阶段，研发团队必然会对一些特定的公开情报源进行认真研究和索取信息，这些情报源的出处、组织及工作深入程度都是对手要调查的重点，如借阅过的专利资料、申请的外围专利等。对公开资料的管理中，应该主要从以下几个方面入手：①限制具有战略性的关键内部专

---

❶ 肖洪. 论企业竞争力与企业专利战略 [J]. 情报科学，2004（8）：951-954.

利出版物的发放,并且仅发放给员工。②在办公楼内,在涉及专利安全敏感区域,进行粘贴告示或登记区域的划分。③提高对卖主、签约人、研发团队、主管人员及员工的等级划分,区别对待不同项目的敏感程度及不同的媒体形式。④在与专利相关的公开刊物出版前,需要出版界、新闻界上交一份记载个人特征信息的复印件,或者上交一份免费的复印件给公司。⑤要求员工去了解公司和做个人调查,并且要求调查者完成最终产品的复制。⑥在公开出版或者申请专利之前,回顾所有准备在出版物上发表的涉及相关专利的文章的细节。

(二) 合理处置垃圾废品

间谍获取对手信息的一个合法而又可选的手段就是通过对竞争对手公司垃圾的筛选而找出自己需要的东西、有些垃圾可能包括电话号码、过期的发货单、进货单、研发人员名单等,这些都将给对手的竞争情报人员带去提示,经过严密训练的从业者甚至可以从废弃的垃圾中建立一个完整的竞争对手产品技术链。在对垃圾废品的管理中,应该主要从以下方面入手:①建立机密体系。对所有的媒介建立一个机密体系,不仅是严格的研发、专利相关文件划分,而要将其中的信息处理至没有一点可以引起怀疑的地步。②为丢弃的机密制定程序或执行步骤。确保机密已经成为碎片或者已经被彻底烧毁,并且对已经销毁的机密材料建立一套跟踪档案。③建立相关专利复印和传真的调查记录,或者对所有的复印和传真图片加以限制。④专利信息的传输尽量从自己公司内部做起。如果可能的话,不要从外部或者给外部传送机密传真或复印机密文书,这将有可能由于人为的错误或者职业竞争情报人员在公共场所透视信息而招来意想不到的后果。⑤检查办公室设备。所有的打印机、计算机和传真机等生产机密信息的装置,不应该被放置在文档堆里或普通的工作环境中。研发所用的机器,实验用的样品,记录相关过程或者性能的纸张,都要有一套管理程序。⑥毁掉副本或复写纸。如果印刷机和传真机使用胶片或复写纸,经过职业训练的竞争情报从业者是可以从这些有痕迹的胶片或复写纸上读出相关信息的，所以在被销毁之前，一定要彻底粉碎那些易读的媒介物。

（三）网络信息安全保护

从技术上保护企业信息安全指的是提高技术的先进性，以保护企业信息安全。这里所谓的技术保护，主要是指应用各种软件保护网络信息，即采取各种软件对企业的网上信息加以保护。网络是一把双刃剑，网络安全问题也同样令人担忧，不仅本企业公开网页是对方经常造访之地，而且竞争对手还有可能通过非法手段侵入本企业内部网址，调取数据库资料，修改数据，盗用银行账号，等等。

一般来说，网络信息安全保护的主要技术有防火墙技术、加密技术、认证技术等。防火墙技术是企业内联网和外联网络之间的屏障，它使用一段"代码墙"把企业内联网和外部网络隔开，对到达墙两端的数据包进行检查，从而决定是否放行，以达到有效阻截各种恶意攻击，保护企业内部信息的目的。加密技术是运用现代密码学，通过对信息进行重新组合，使只有收发双方才能解码还原信息，通过加密技术可以实现安全访问，以及保证数据的安全传输。认证技术是用于企业信息安全的另一个重要技术，认证主要包括身份认证和信息认证，主要用于鉴别访问者的合法性和传输信息的真伪性。

此外，还有一个影响网络信息安全的关键因素，即计算机病毒及"网络黑客"的侵入，企业应根据实际需要选择合适的杀毒软件、防火墙及其他各种软件，从技术上保护企业内部专利信息安全。

二、专利开发中的反竞争情报方法

专利竞争首先表现为专利的开发。企业应根据自身的技术研发实力、资金投入、资源设备等条件，制定行之有效的专利开发战略。专利开发战略可以分为开拓型技术开发战略和追随型技术开发战略两种。在专利开发中，企业主要通过增强员工保密意识和慎重与第三方交往来开展企业反竞争情报工作（如图5.3所示）。

```
专利开发战略 ──┬── 增强员工保密意识
              └── 慎重与第三方交往
```

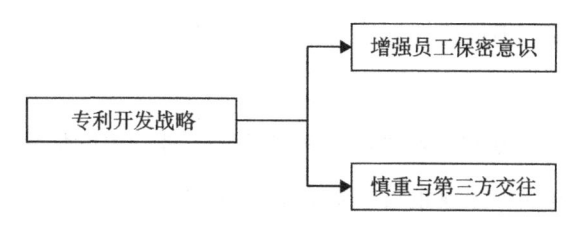

图 5.3 专利开发战略中的反竞争情报方法

(一) 增强员工保密意识

由于许多专利情报泄密事件都是因为企业部分员工商业秘密保护的意识淡薄所致,所以员工安全意识的增强显得格外重要。要达到的目的不仅是让从事竞争情报工作的人员具有安全意识,而且还要让各个阶层的员工认识到公司专利情报的价值及反竞争情报的重要性。企业应使员工做到涉及企业重要敏感的专利信息时,不该问的不去问;面对竞争对手,不该说的不要说。尤其是在各种专利产品的展览会、交易会、鉴定会和新闻发布会等公开场合,很可能隐藏着竞争对手的人员,企业应该使员工学会与其进行巧妙的接触和交谈而不泄漏企业核心信息。❶ 为此,可以从以下方式入手:

(1) 优化数据信息。企业应让员工们知道一些信息在除了工作环境之外其他任何场合都不可以议论,如专利产品开发设计、价格表、研发方案等。

(2) 使用标记系统。采用颜色代码标记识别系统将会阻止很多泄密情况的发生,不同的颜色可以代表不同的密级;并且可以在存放相关专利文献或者真实制品的建筑物内部标注"仅内部员工须知"的区域。

(3) 与员工签订合同与保密协议。签订保密协议的员工不仅包括参与专利项目的研发人员,也包括可能掌握相关信息的一般工作人员。签订保密协议可以确保企业的所有员工不泄露任何敏感信息。雇佣方通常有一个很不好的习惯,即试图从新员工那里获取更多的关于其以前受雇企业的信

---

❶ 石晶. 企业反竞争情报的方法研究 [J]. 现代情报,2003 (11):195-19.

息。企业应该把不泄密协议和政策明确写进企业的手册中,以避免泄密情况发生。

(4) "餐厅"方式。餐厅往往通过使用各种彩色的信息标识卡片来诱惑你的胃口。其实,企业也可以放置相同的"信息服务",在信息容易传播的地点,如会议室、食堂及图片复印室等,张贴保护企业秘密、保障信息安全的标识,以此作为对员工保密意识的提醒与培养。❶

(5) 警惕周围各种细节。在企业会议中,如果与会者将敏感的数据或者专利成果通过纸条、黑板留在了会议室里将会深受责备。如果电话会议设备及麦克风没有被仔细检查过,就只能针对普通听众播发一些专利基本内容就行了。❷ 因为在商战中,窃听已经是竞争对手彼此心照不宣的手段。

(二) 慎重与第三方的交往

专利开发过程中,企业往往需要寻找开发投资者或合作者,而且企业供应链上也存在许多合作伙伴,然而他们却常常成为重要的信息外流处。因此,加强对与第三方交往的管理是必要。具体做法如下:

(1) 了解你的"舞伴"。企业应检查供应商和生产合作伙伴与其他竞争对手有多少业务来往,搞清楚合作伙伴对于其他卖主及竞争者的重要程度,并且应衡量打破了这种合作关系后,你会面临的境况。如在专利技术的合作研发和专利产品的代理过程中,都有可能发生大量的泄密事件。因此,必须和合作伙伴签订相应的协议,并进行严密的监视。

(2) 在你的来访者面前要保护所有的专利数据信息。除非有明确的商业交易或其他技术需要,否则,一定要保护好你的信息。如果正在研发的专利信息被公开或者遗失在被公认的公共场合,即有可能被来访者获取,法律也不会予以保护。

(3) 在安全审查中应包括第三合作方。卖主、供应商或许通常会随着

---

❶ JOHNSTON D L. Intensive info security[J]. Security,1997(34):4.
❷ KULCZYCKI G. Information security:it & apos;s not just what you know,it & apos;s also how well you keep it to yourself[J]. Management Accounting,1997(79):6.

时间的推移而同你的竞争对手建立起很密切的关系。检查这些第三方与你及其竞争对手之间的关系，这是一项需要经常做的工作。如对于一些进行合作的专利代理商，知识产权代办机构，都应该纳入审查的范围。

（4）与第三方及合作伙伴明确清楚界线。在处理公司的其他问题上要孤立第三方。把与那些不能承担处理你与其他相关合作关系的机构的联系降到最低点。

三、专利申请中的反竞争情报方法

企业的竞争对手往往可以通过对企业最新专利的申请和授权，研究企业的市场开发方向；通过分析企业专利申请量与授权量的比例，考察其技术研制的成熟程度；通过分析企业拥有的专利数量与国外专利数量之比，来判断其经济实力；通过分析企业拥有的发明专利数与实用新型专利数，确定其技术水平，从而估计出企业的技术实力及经济实力。

现在的专利战略一方面已由单纯的专利保护和技术贸易转化为融技术、经济、法律、贸易、投资等一体的立体型专利战略，其渗透作用和地位日益重要；另一方面产供销学研联合也越来越重视和运用专利战略，培育和发展自身的技术优势，并将其转化为竞争优势和市场优势。现在通常看到的专利申请策略有抢先策略、广告策略、防御策略、垄断策略。在此基础上适时向国外申请专利、输出技术，占领国际市场。例如，欧美企业专利战略的一个重要特征是，将专利申请与国际投资活动有效地结合起来，在确保专利权后，才进行对外直接投资活动。国外大型跨国公司开始以专利转让收入作为企业盈利的新形式，国际技术贸易比例的大幅度增加为此提供了重要的诠释。然而，专利信息是一把双刃剑，它一方面保护了申请者的技术；另一方面也将本企业的技术信息毫无保留地展露在了对手面前。这就需要企业在实施企业专利战略的同时，从反竞争情报的角度来保护自己，采取适当的反竞争情报的专利申请战略。

专利信息作为一个相当重要的信息源，反映了企业大量重要的技术信息，无论从技术角度、市场角度还是法律角度是很有价值的。然而专利信息是一把双刃剑，对于申请者来说，它可以用来保护本企业的技术，占领技术市场，但同时它也将本企业的技术信息毫无保留地展露在对手面前。企业制定专利战略往往更多地关注专利申请给企业带来的好处，而忽略了专利技术的暴露给企业带来的看不见的损失。对于竞争者可能得到的信息，就要从反竞争情报角度来保护自己，采取适当的反竞争情报的专利申请战略。企业专利申请战略中的反竞争情报方法主要有时机性申请方法、分散性申请方法、误导性申请方法和隐蔽性申请方法（如图5.4所示）。

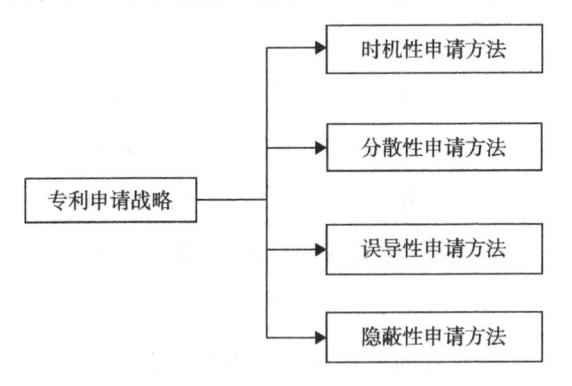

图5.4 专利申请战略中的反竞争情报方法

（一）时机性申请方法

过早申请专利往往导致出现不完善的发明构思、申请文件不全面等情况，从而最终难以获得专利权。从竞争情报的角度看，过早申请将意味着技术信息被公开，过早向竞争对手暴露目标，这样容易被竞争对手发现自己的技术细节和竞争战略，并遭到攻击。另外，过早的申请往往考虑不完善，缺少系统性，这样造成外围专利及改进专利的申请不能跟上，难以形成有效的专利网络保护，从而给对手可乘之机。国内外有很多公司实施一种封杀的专利战略，它们通过监视和分析竞争对手公开而尚未被授权的专利说明书和专利要求，力求从中发现不具备专利性或不符合专利法要求之所在，及时向专利审查部门提供证明，给该专利申请的最终授权设置障碍，或延缓对方专利授权申请成功（有的专利因此拖延多年才获得授权）。因此，企业应将专利申请的时机选择上升到战略的高度考虑，对于那些别人一时研发不出来的且自己也不准备马上实施；同时，希望取得较长时间独占权的发明创造就不宜过早申请专利。

（二）分散性申请方法

专利竞争情报中，最常用的信息源包括专利申请书、专利说明书、专利公报等传统文献以及专利数据库、知识库等数字化资源，这些信息源一般都包括专利申请日期、专利申请号、分类号、申请人、发明人等著录项，而专利申请人项是竞争对手开展竞争情报活动中最有效的入口。因此，为了给对手的竞争情报活动增设障碍，在专利申请时申请人项的意义不能忽略，在实际操作中可分散申请。

（1）将专利申请人分散到各个分公司。一个企业通常有很多分公司和研究所，在专利申请中，在不影响专利权的情况下，没有必要都统一用总公司的名称来申请，可以考虑将专利分散到各个子公司或者研究所。这样，竞争对手在信息收集过程中，会感觉到信息过于分散烦琐，增加了其工作难度，影响竞争情报分析。

（2）将专利以个人名义申请。这是一个比较好的申请战略，由于公司的专利技术归根到底是某个人或几个人发明的（在职发明），虽然专利权属于公司，但是在专利申请时可以个人的名义去申请，单位另外跟个人签订专利权协议。这样的专利申请一方面可以提高公司员工的发明创造热情，另一方面这种隐蔽行为通常不太容易被竞争对手发现，对于本公司的专利信息有非常好的保护功能。

（三）误导性申请方法

专利申请数量也是竞争情报中一个相当重要的切入点，数量的变化反映出企业的动态情况，因此企业在申请专利时要对自己专利数量的变化可能给对手提供的信息加以考虑。

理论上可以存在这样一种误导策略：所谓误导策略是针对对手的竞争情报活动而言，为对手提供虚假信息。在某些情况下企业可以先申请基本专利，再逐步开发并申请改进专利；有时可以采取暂缓申请或者虚假申请的方式使对手摸不清自己的真实情况。在所申请的专利中，真假虚实并存，甚至专门申请一些与自己的研究方向完全无关或相反的专利，以误导对方，转移竞争对手的视线与注意力。这些策略使用的目的，就是给竞争对手造成假象，让其琢磨不清公司的市场和技术战略的变化。

（四）隐蔽性申请方法

专利说明书是竞争情报中又一个重要的部分，通过专利说明书竞争对手可以很好地了解一项技术细节，甚至可以模仿、利用，前面谈到的追随者战略就是一个表现。在此建议对于专利的申请应当慎重，避免只追求专利数量，在技术保护方面可以采取专利和诀窍相结合的战略。因此，在专利说明书的书写中，除了要考虑到专利方面的因素，还要考虑技术情报的保护。在专利申请时，可以考虑将一项技术分拆申请，或者将某些技术和其他技术综合起来申请一项专利。

四、专利实施和专利防卫中的反竞争情报方法

专利只有通过实施应用，才能转变为现实生产力，进而推动经济发展。专利实施战略是指企业为获取利润而使用、转让、引进专利技术的战略。企业专利防卫战略是指企业为应对竞争对手而利用专利捍卫自身利益的战略。企业专利防卫战略主要包括专利诉讼战略、申请宣告专利无效战略、文献公开战略、证明先用权战略、主动和解战略等几种类型。企业专利实施和专利防卫战略中主要应用法律保护、伪情报保护等方法开展反竞争情报活动（如图5.5所示）。

```
专利实施和专利防卫战略 ──┬──→ 法律保护
                        └──→ 伪情报保护
```

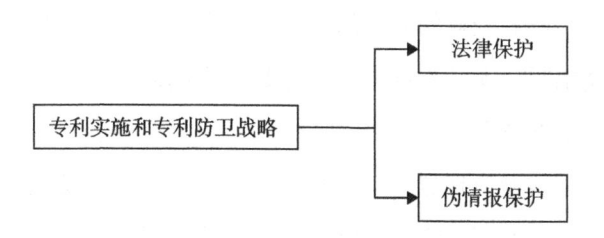

图 5.5　企业中的反竞争情报方法

（一）法律保护

企业专利战略中，企业应在加强自我保护意识，采取物理性、思想性和组织性的防范措施的同时，充分利用法律来保护企业的专利情报。我国对商业情报的保护体现在许多法律法规中，如《中华人民共和国著作权法》《中华人民共和国计算机软件著作权登记办法》《中华人民共和国专利法》等，都制定了保护商业情报的相关条款，除此之外还有《中华人民共和国民法典》《中华人民共和国刑法》《中华人民共和国反不正当竞争法》等。其中《中华人民共和国专利法》对企业信息产权的保护是以技术发明最大限度公开为代价来换取一定时期的垄断权的，而企业的创新技术如果不申请专利而只以商业秘密形式进行保护，商业秘密一旦泄露，企业损失重大。所以企业应该采取专利权和商业秘密相结合的模式来最大限度地保护企业的技术，这就要求企业在保证新技术能实现的前提下，将最核心的技术秘密或技术窍门用商业秘密的方式保护起来。

（二）伪情报保护

企业专利实施和专利防卫战略中，企业可以通过形式多样的虚假信息来保护企业技术情报，为迷惑竞争对手，通常夸大、缩小或无中生有企业某些敏感信息。企业为了掩饰自己的专利战略意图可以释放出一些虚假的专利权转让信息、专利权购买信息，以便迷惑竞争对手，使竞争对手的注意力转移到企业非核心专利技术方面，给企业专利战略的部署和准备留下更多的时间。

综上所述，随着企业间竞争的加剧和专利战的广泛开展，如何在获取企业专利战略情报，尤其是竞争对手专利情报的同时又保护企业的核心信息，便成为企业在竞争中获胜的关键。随着世界范围企业竞争的加剧，国内外企业的专利战越演越烈，企业专利战略中的反竞争情报策略研究被提上议事日程，企业专利战略中的反竞争情报策略研究对我国企业稳固和提升自己的竞争地位具有非常重要的意义。

第六章 基于竞争情报的专利战略模型构建

综合本书前面各章所述，本章将构建基于竞争情报的企业专利战略模型，通过问卷调查数据进行实证分析，证明各个变量之间的关系。

第一节 我国企业专利战略现状调查与分析

一、调查目的与对象

调查对象的重点是中国境内的开展专利战略和专利竞争情报工作的企业，他们一般具有较强的自主创新能力，技术水平居于行业前列。由于条件限制，本书的调查对象主要分布在工业水平比较发达的东部沿海及西部几个大城市。西部企业主要以大型企业为主；东部企业除大企业外，也相应调查了一些高科技型的中小企业；一些外企在中国设厂较早，本地化程度比较高，因此也纳入了本书调查的范围。希望通过本次调查，对目前我国企业的专利竞争情报工作和专利战略实施现状有所了解，从而分析出薄弱环节，提出相应对策。

二、调查设计

(一) 指标来源

经过阅读大量国内外相关文献,参照相关的调查问卷,并且充分征询专家意见,本书将问卷调查的内容设计成:专利工作概况、专利竞争情报、竞争对手跟踪、专利战略、专利战略外部环境和企业概况 6 个部分。文献调查主要涉及情报分析、竞争对手研究、专利战略研究和战略管理等。本书将专利工作概况和企业概况作为企业客观要素,即主要以具体数据、行业等为基础的要素;将专利竞争情报、竞争对手跟踪、专利战略、专利战略外部环境作为评价要素,即企业非资源性的主观要素。

客观要素主要用来划分企业规模与类型,作为企业专利战略的因变量来考虑;主观要素是企业实施专利竞争情报工作与专利战略的总体行为评价要素,可以作为企业专利战略的自变量。

(二) 指标确定

指标确定的过程其实就是专家问卷运作的整个过程。在确定了要调查的内容之后,将从文献中总结出来的各项具体指标设计成指标初步调查表,发给有关专家对每项指标的重要性予以评分。返回的有效专家调查表共 68 份,根据专家的评分和建议,本书适当增加、删除和修改了某些指标,舍弃得分偏低、明显偏离中值的指标,并将较多专家一致推荐的指标列入调查范围。最后确定的指标体系见附录一,本书把指标分为三级,第一级即本节调查设计部分指标来源中所列出的 6 个部分,然后将这 6 个一级指标具体分成数 10 个二级指标,同样将每个二级指标继续分成多个三级指标,具体如下所示:

B 企业专利竞争情报工作（一级）

　　B1 专利竞争情报渠道（二级）

　　　　B101 通过公开出版物或公告文献获取专利竞争情报（三级）

本书将以上指标体系形成了正式的专家调查表（见附录二），再次分发给行业专家和企业相关人士，然后对回收的 104 份专家调查表中的评分进行了统计，经过加和、平均计算出每项指标得分的平均值：

$$L_i = (P_1 \cdot K_1 + P_2 \cdot K_2 + P_3 \cdot K_3 + P_4 \cdot K_4 + P_5 \cdot K_5)/104$$

其中，L_i 表示第 i 项指标得分的平均值；K_1 至 K_5 分别代表从低到高的 5 个重要性程度；P_1 至 P_5 代表选择不同重要性程度的人数。

指标得分的平均值之和 $TL = (L_1 + L_2 + \cdots + L_i + \cdots + L_{104})$

则每一项指标的权重 $R_i = L_i / TL$。

（三）问卷设计

确立了指标体系后，在此基础上设计出企业预调查表，2004 年 12 月到 2005 年 1 月在天津地区一些企业展开了初步调查，并发给 10 余名专家评议。结合初步调查结果和专家评议意见，在 2005 年 3 月对问卷做了最后的修订，形成了最终的企业调查问卷，见附录三。

三、调查方法

本书的调查分两步实施，首先进行预调查，将 15 份预调查问卷分发给 15 家企业填写。根据企业返回的问卷作初步分析，并结合专家（德尔菲法）企业意见，对问卷里的具体问题和指标做了重新调整，形成了最终的企业调查问卷。其次采取重点抽样的方法，共向企业发放问卷 350 份，回收问卷 110 份，其中有效问卷 106 份，回收率为 31.4%，有效样本率为 96.4%。本书的调查工作主要通过电子邮件和信件开展，辅之以实地访问。

本书调查的问卷根据企业专利研究的基本方法和思路，结合我国企业的特点进行了周密设计。问卷的信度和效度通过德尔菲法进行校正，达到比较可信和有效的程度，具体做法如下：①拟订出要求专家回答问题的详细提纲，并同时向专家提供有关背景材料，包括调查目的、期限、调查表填写方法及其他希望要求等说明。②选择一批熟悉本问题的理论和实践等各方面专家（20人左右）。③以通信方式向各位选定专家发出调查表，征询意见。④对返回的意见进行归纳综合、定量统计分析后再寄给有关专家，如此往复，经过三四轮意见比较集中后进行数据处理与综合得出结果，每一轮时间约7到10天，总共1个月左右即得到大致结果。

另外，问卷设计遵循了简单和方便的原则，同时要求企业家或相关部门负责人填报，以提高问卷的质量。

虽然本书已顺利完成了预设的目的，但研究过程仍遇到一些局限，包括：①由于时间紧迫，本次调查事先没有对填表人员进行培训，调查表填写人员对部分内容的理解有差异，出现了某些选项无回答和错答的情况；②调查表本身存在部分缺陷，典型的情况是在一些专业名词和一些概念的界定中，没有给出填写规范，同时由于许多大型企业具有多种经营的特点，也产生了部分误差。

四、数据处理方法

本书企业调查问卷的结果数据根据指标表所统计的权重进行了加权处理。在本节调查设计中的指标确定部分，每一项指标的权重为 $Ri = Li/TL$。我们将企业调查问卷的指标分为三级，如：

B 企业专利竞争情报工作（一级）
 B1 专利竞争情报渠道（二级）
  B101 通过公开出版物或公告文献获取专利竞争情报（三级）

本书附录四为加权后的企业一级指标得分统计表，附录五为分段调整后的企业一级指标得分统计表。二级与三级指标由于篇幅太长，未予收入。

Ri 即为企业问卷中三级指标对应指标的权重。对于每一个企业的第 i 个三级指标的得分为 Xi，都对应一个相应的权重值，令 NXi = Xi * Ri，就得到了调整后的三级指标值。然后将整后的三级指标值根据中位数分段方法分成 5 段（用 1，2，3，4，5 表示），分别代表 5 个重要层级。由此，可以画出所有企业在某一三级指标得分情况分布的饼状图。饼状图中数据格式为：企业数量，所占百分比。如图 6.1 所示，从图中可以看到对研发力量很关注的企业有 28 家，占总数的 27%；不关注的企业只有 2 家，占 2%。

将每一个二级指标下对应的三级指标调整后的值 NXi 加和后求平均值，就可以得出每个企业二级指标加权调整后的值 NYi。同理可以得到所有企业在某一一级指标得分情况分布的饼状图。

具体使用的统计软件为 SPSS 和 EXCEL，前者负责数据分段、转换；后者负责图表绘制。

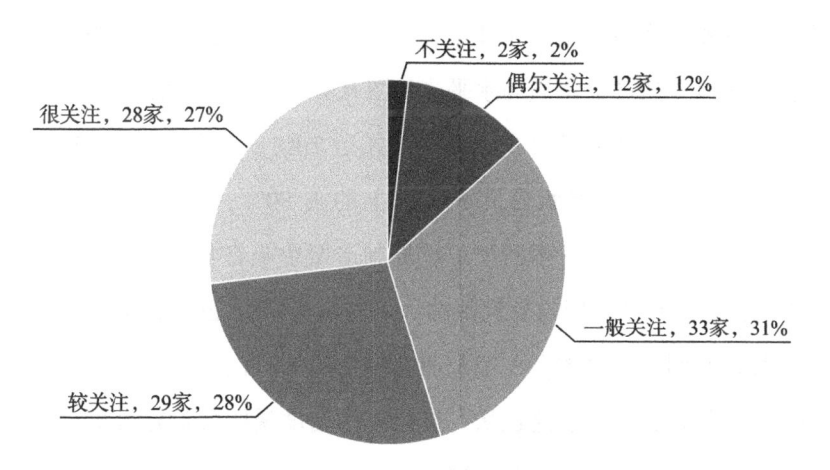

图 6.1　企业对研发力量的关注程度

五、统计结果及总体分析

我们将专利工作概况和企业概况 2 项客观要素的基本情况加以统计，全部放在本章。而对于专利竞争情报、竞争对手跟踪、专利战略、专利战略外部环境4个评价要素,一级指标放在本章,具体三级指标分析与图示放在以后相应的各个章节分析,二级指标仅仅作为一种过渡的设计,因此不具体分析图示。

(一) 专利工作概况统计

1. 人员统计

本书对所调查企业全部研发人员及负责专利管理与战略的工作者情况进行了统计,在此基础上,与目前一些流行观点进行比较,可以发现一些新的内容。

目前国内文献大多认为我国的企业专利工作机制不健全,管理工作不规范,缺乏强有力的研究团队等。[1]而通过调查与访谈,我们发现在众多实施专利战略和竞争情报的企业中,领导层往往重视人才,尊重知识,而研究队伍也具有较高的素质与水平。如图6.2所示,就研发人员职称来看,工程师超过半数,研究员(包括高工)接近20%,二者合计达到了76%。如图6.3所示,就学历而言,本科以上的占80%,其中研究生达到了32%,这种情况显然与一般的简单重复制造型企业有着明显的区别。如图6.4所示,企业专利管理与专利战略人员中,兼职还占有很大的比率,但专职人员占有明显的多数,一般企业都有专门的部门或者专人负责专利的管理与战略等相关工作。这也从人员构成的角度说明我们选择的企业一般都能有较强的研发队伍和专利管理。

---

[1] 向萍. 高校专利工作的制约因素与对策 [J]. 理工高教研究, 2004 (4): 52-53, 75.

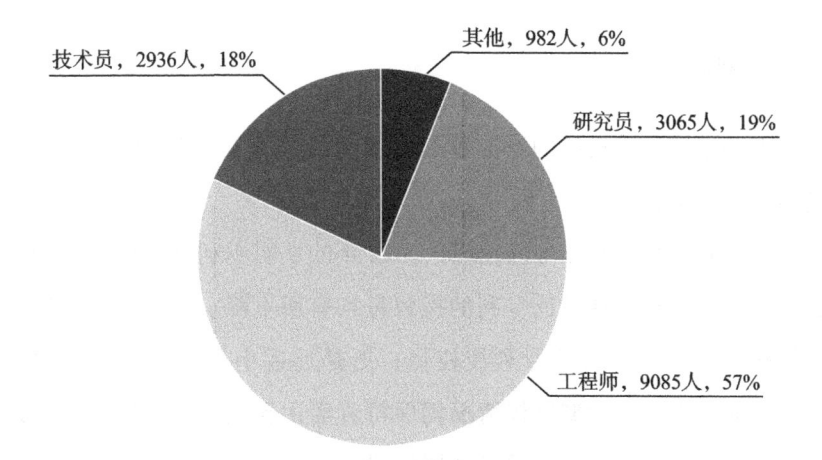

第六章 基于竞争情报的专利战略模型构建 151

图 6.2 研发人员职称统计

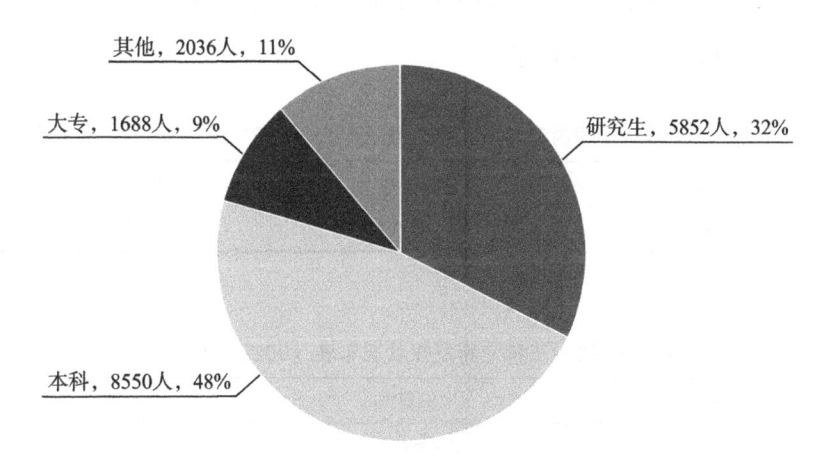

图 6.3 研发人员学历统计

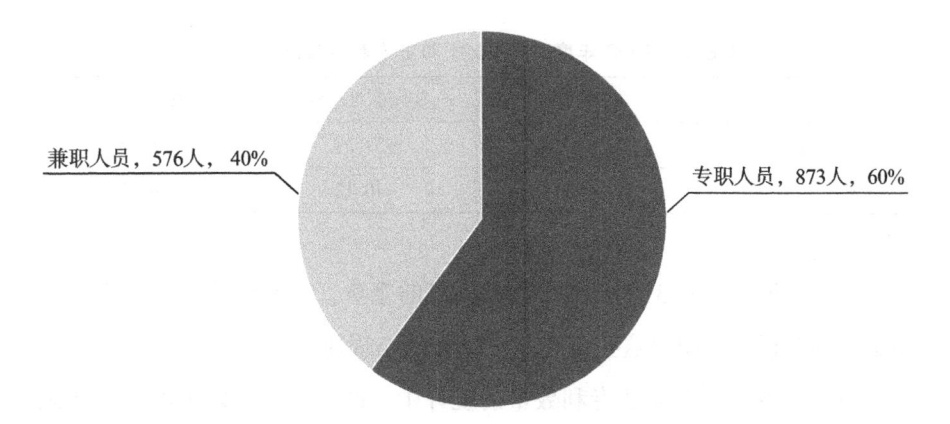

图 6.4 专职和兼职专利工作人员统计

2. 专利统计

根据国家知识产权局的官方数据，我们回顾一下 2021 年及 2022 年全年的专利授权情况。

通过表 6.1 与表 6.2 可以发现，2022 年的发明专利授权量有了较大增长，而实用新型和外观设计专利的授权量均有所下降。当然，国内发明专利的授权量小于外观设计专利授权量，更是远远小于实用新型专利授权量。这说明国内专利类型授权情况仍保持着实用新型最高占比，外观设计次之，发明最低的格局。发明专利授权量的快速增长，也反映出在当前国际竞争环境下，企业对创新性技术的重视。2021 年与 2022 年三种类型专利授权变化情况如表 6.3 所示。

表 6.1　国内三种专利授权状况年表（2021 年全年）　　单位：件

发明专利	实用新型	外观设计
585 910	3 112 795	768 460

资料来源：http://www.sipo.gov.cn

表 6.2　国内三种专利授权状况年表（2022 年全年）　　单位：件

发明专利	实用新型	外观设计
695 591	2 796 049	709 563

资料来源：http://www.sipo.gov.cn

表 6.3　2022 年度对比 2021 年度专利授权增长情况

项目	发明专利	实用新型专利	外观设计专利
增长数量/万件	10.24	−31.58	−6.46
增长比例/%	14.71	−10.12	−8.22

本书的调查涉及 350 家实施专利战略的企业，并对回收的 106 份问卷做了详细分析，反映出这些企业的一些特点与规律。

（1）在受调查的企业专利数量的统计中，部分结论与以上的分析大致相同。例如，如图 6.5 所示，我国企业引进的专利主要是发明专利，这和国外企业在我国申请大量发明专利是相辅相成的。发明专利的数量（563件）远远超过了实用新型（15件）和外观设计专利（4件）数量，这和我们引进和利用国外先进技术的政策是吻合的。

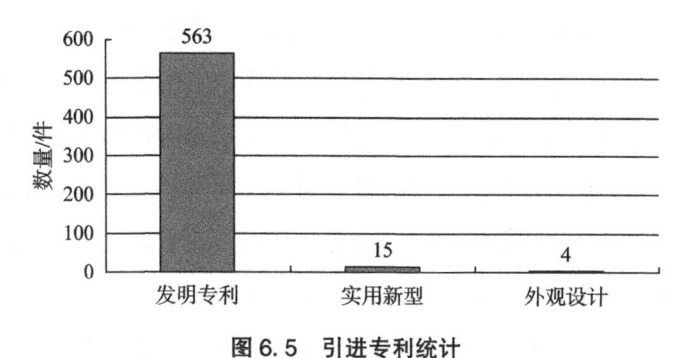

图6.5 引进专利统计

而在调查问卷中涉及的申请专利总量与授权专利总量的对比中（如图6.6所示）可以发现，后者要远远小于前者，甚至不到1/2。从申请、授权和已经实施的专利数量来比较，发现呈递减趋势，获得授权专利在三种类型中都不到申请的数量半数，已经实施的就更少了。这一方面说明了企业研究发明、申请专利的热情，另一方面也反映了研发质量及审批效率。这个问题在以后专利战略外部环境部分有进一步的调查。

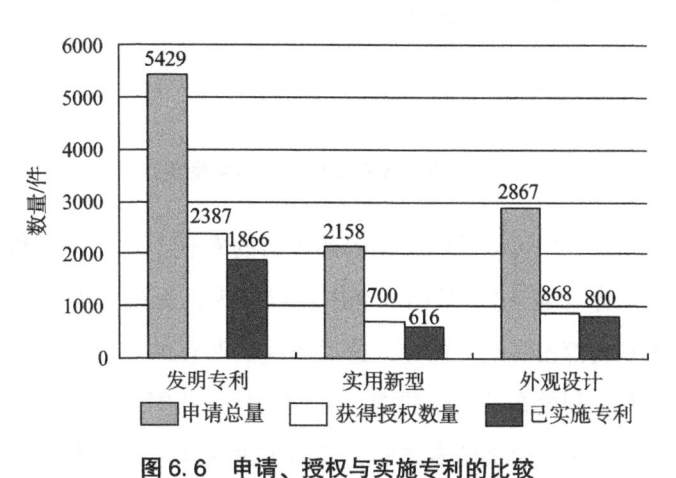

图6.6 申请、授权与实施专利的比较

（2）本书调查问卷的样本选取具有一定的特殊性，因此反映了实施专利战略的企业中一些共性的问题，而有别于以往文献观点和官方普查性质的统计。

通过图 6.7 可以看到，受调查企业的半数以上的申请专利都属于发明专利，其比率远远超过了全国平均水平。同样，在图 6.8、图 6.9 和图 6.10 中，发明专利的数量都远远超过了其他两种类型的专利。这说明，无论在国内外申请，还是审批、实施等环节，受调查的企业明显大多都表现出较强的技术创新与研发能力。本书的调查结果之所以和以上文献不完全吻合，在于我们调查的样本主要选自专利工作和战略较好的企业，他们的专利战略工作已经走在前面。所以本书在分析企业专利工作和战略的时候不能一刀切，而是要注意到差距的存在和先进企业的成果。在专利申请总量上，发明专利的申请超过半数，充分说明了受调查企业在其技术研发和创新方面的实力。

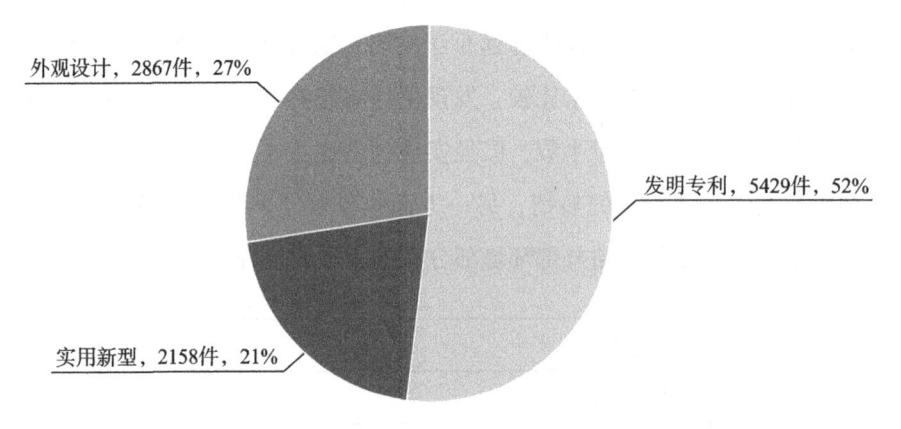

图 6.7 受调查企业申请专利类型统计

（饼图：外观设计，2867件，27%；发明专利，5429件，52%；实用新型，2158件，21%）

通过图 6.8 我们可以看到，在国外申请的专利中，发明专利的比率保持了较高的优势（44%）。从图 6.9 中可以发现，无论是申请还是引进的专利，发明专利都占有绝对优势，这说明我们调查的企业一般都把技术含量较高的发明专利放在了战略前端，大力推行。从图 6.9 发明专利的对比中还可以发现，企业引进的专利要远远高于去国外申请的专利，这说明目前我国企业在国际专利交往中明显还处于进口大于出口的状态。当然，随着我国企业对自主研发的重视，这一情况也在逐渐改观。

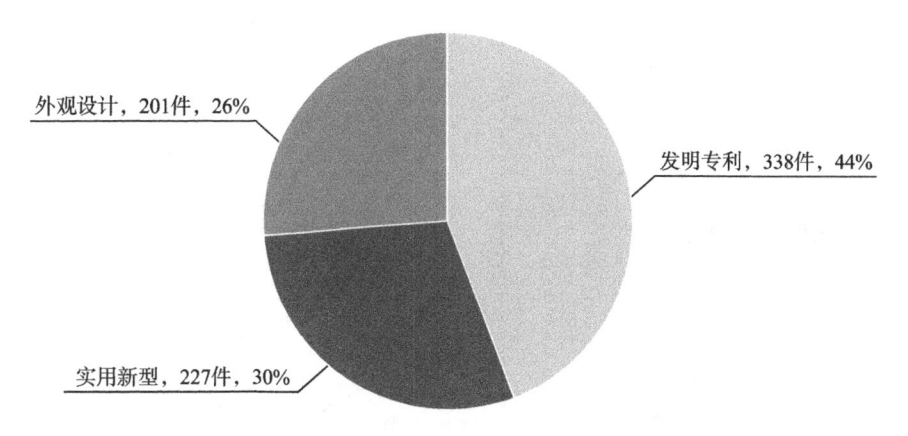

图 6.8　受调查企业国外申请数量统计

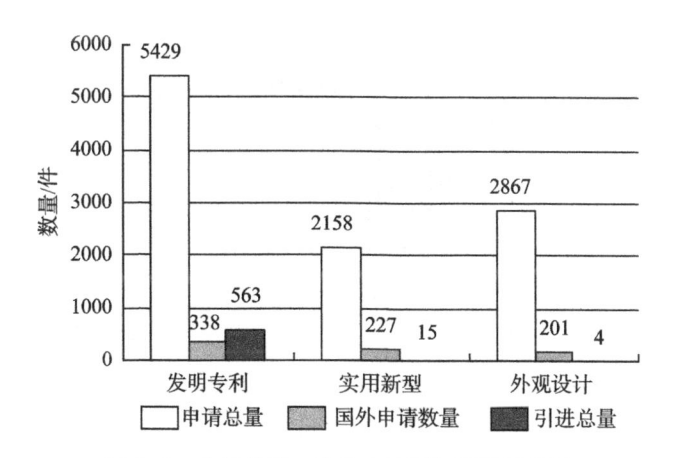

图 6.9　申请总量、国外申请量与引进量比较

注：图中的数量"15"和"4"相较于其他数据微小，无法完全显示出来。

（二）企业类型

本书调查的企业类型与性质分布如图 6.10 和图 6.11 所示。

生物医药和化工是两个发明专利集中的行业，因此在选取样本的时候数量也比较多一些；企业的性质并没有过多限制，主要以人们认识上的一般规则加以划分。

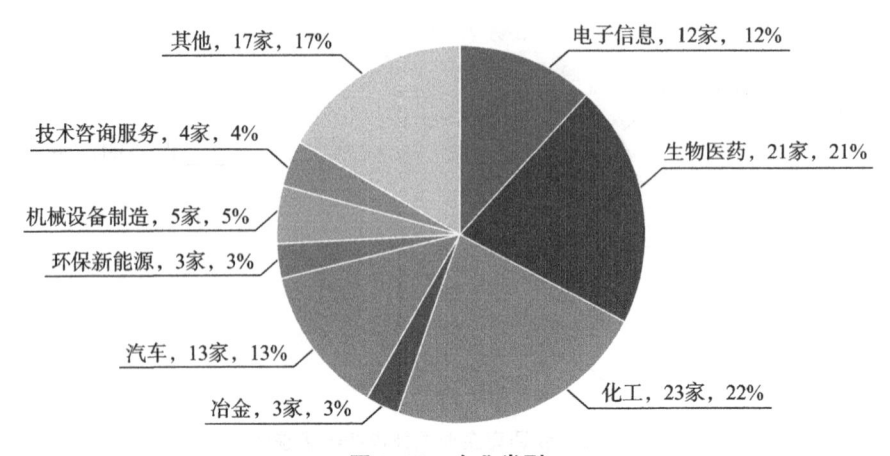

图 6.10　企业类型

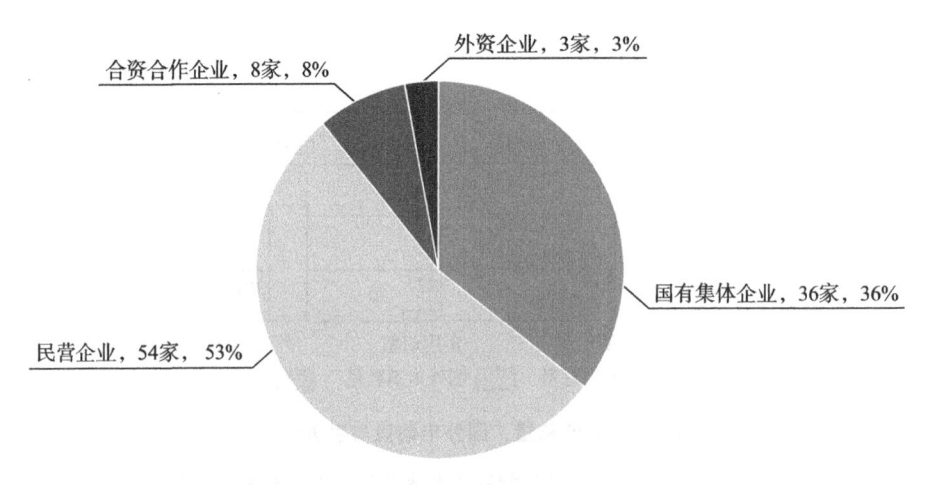

图 6.11　企业性质

(三) 专利竞争情报

根据本章第一节数据处理方法部分所介绍的统计方法,利用 SPSS 软件将涉及专利竞争情报工作的三级指标加权平均,算出二级指标的得分,同样将二级指标加和平均得到一级指标的得分。将一级指标得分平均分成 5 段,用 1~5 共 5 个数字代表重视或者关注程度,然后统计各个阶段的分布。

可以看到,专利竞争情报开展程度很低的企业只占很小的比例,绝大多数企业都开展了相关工作,处于一般(第三阶段)阶段的企业超过半数,处于第三阶段以上的企业达到了81%。说明自主研发型企业一般都比较关注专利竞争情报开展。专利竞争情报开展程度较高和很高阶段的企业占到了33%,分散在各个行业之中(如表6.4和图6.12所示)。

表6.4 实施企业专利竞争情报工作的评价

分段等级	企业数量/家	百分比数/%
1.00	4	3.8
2.00	16	15.1
3.00	51	48.1
4.00	21	19.8
5.00	14	13.2
总计	106	100.0

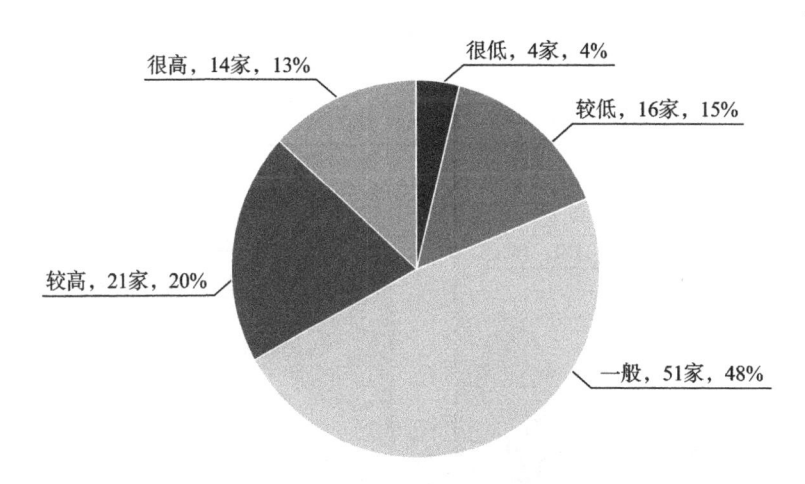

图6.12 实施企业专利竞争情报工作的评价

(四) 竞争对手跟踪与监测

根据本章第一节数据处理方法部分所介绍的统计方法,利用SPSS软件将涉及竞争对手跟踪与监测的三级指标加权平均,算出二级指标的得分,同样将二级指标加和平均得到一级指标的得分。将一级指标得分平均分成5段，用1~5共5个数字代表重视或者关注程度，然后统计各个阶段的分布。

由表6.5和图6.13可以看到，没有对竞争对手实施跟踪监测的企业只占很小的比例，绝大多数企业都开展了相关工作，处于一般（第三阶段）阶段的企业超过半数，处于第三阶段以上的企业达到了85%。说明自主研发型企业一般都比较关注竞争对手的情况，并积极付诸实施。处于较多和很多阶段的企业占到了31%，主要分布在生物医药、化工和电子信息行业。

表6.5 实施竞争对手跟踪与监测的企业工作评价

分段等级	企业数量/家	百分比数/%
1.00	6	5.7
2.00	10	9.4
3.00	57	53.8
4.00	22	20.8
5.00	11	10.4
总计	106	100.1

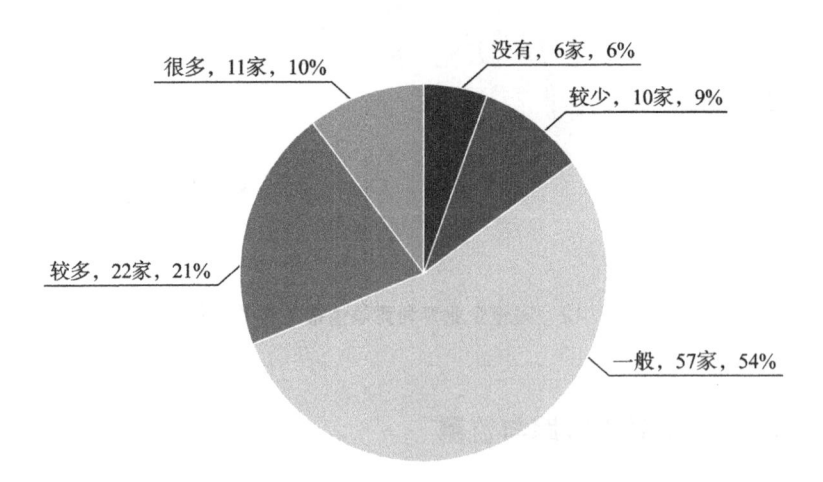

图6.13 实施竞争对手跟踪与监测的企业工作评价

(五) 专利战略

根据本章第一节数据处理方法部分所介绍的统计方法，利用 SPSS 软件将涉及企业专利战略的三级指标加权平均，算出二级指标的得分，同样将二级指标加和平均得到一级指标的得分。将一级指标得分平均分成 5 段，用 1~5 共 5 个数字代表重视或者关注程度，然后统计各个阶段的分布。

可以看到，图 6.14 和图 6.13 极为相似，这不仅说明自主研发型企业一般都比较重视专利战略并积极付诸实施，而且对竞争对手的跟踪监测与专利战略的实施有着正相关的关系。在生物医药、化工和电子信息行业，企业不仅重视专利战略的实施，也十分重视根据对手的情况来调整、制定自己的战略。本书着意分析了四家（占 4% 的比率）被评价很低的企业，其中三家是中小企业，而且在当地有较大的市场空间，缺乏竞争对手，他们的专利产品基本供不应求。还有一家是西部的大型乳制品企业，他们可能在市场竞争中采取了很多有效措施，但是在竞争情报和专利战略方面，并没有加以关注（如表 6.6 和图 6.14 所示）。

表 6.6　企业实施专利战略的评价

分段等级	企业数量/家	百分比数/%
1.00	4	3.8
2.00	12	11.3
3.00	58	54.7
4.00	27	25.5
5.00	5	4.7
总计	106	100.0

(六) 外部环境

根据本章第一节数据处理方法部分所介绍的统计方法，利用 SPSS 软件将涉及外部环境的三级指标加权平均，算出二级指标的得分，同样将二级指标加和平均得到一级指标的得分。将一级指标得分平均分成5段，用1~5个数字代表重视或者关注程度，然后统计各个阶段的分布。

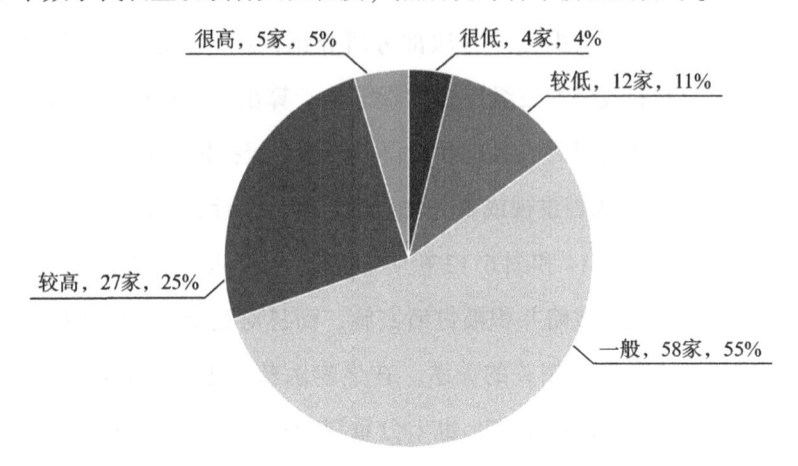

图6.14　企业实施专利战略的评价

与专利竞争情报、竞争对手跟踪、专利战略三个一级指标相比，企业对专利战略实施的外部环境更为关注。由图6.15可以看到，在较高和很高两个级别上的企业占到总数的50%，只有4家企业的认知评价很低。这也说明我国目前有了一个比较好的外部市场机制，企业对专利制度、相关部门人员的专利信息素养、法律、咨询的满意程度都比较高，另外，对信息技术的发展、产业政策、行业技术更新、我国加入WTO、政府的资金支持等要素也十分关注（如表6.7和图6.15所示）。

表6.7　专利战略外部环境认知评价

分段等级	企业数量/家	百分比数/%
1.00	4	3.8
2.00	8	7.5
3.00	41	38.7
4.00	37	34.9
5.00	16	15.1
总计	106	100.0

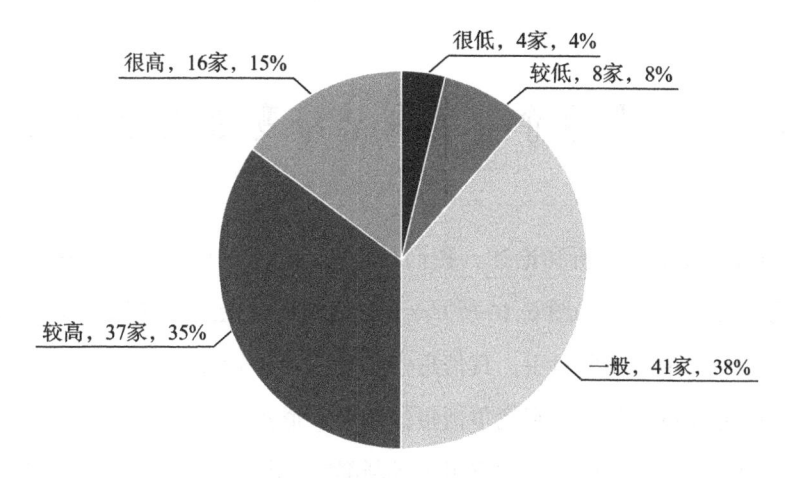

图 6.15 行业类型分布

以上主要简要分析了企业专利战略调查问卷的初步结果，对一级指标作了总体的概览，可以发现我国目前的资助研发型企业的一些初步特点。

领导层往往重视人才，尊重知识，而研究队伍也具有较高的素质与水平，一般都能有较强的研发队伍和专利管理。我国企业引进的专利主要是发明专利，这和国外企业在我国申请大量发明专利是相辅相成的，和我们引进和利用国外先进技术的政策是吻合的。而在申请专利总量与授权专利总量的对比中，后者要远远小于前者。从申请、授权和已经实施的专利数量来比较，发现呈递减趋势，获得授权专利在三种类型中都不到申请的数量半数，已经实施的就更少了。这一方面说明了企业研究发明、申请专利的热情，另一方面也反映了研发质量以及审批效率。在专利申请总量上，发明专利的申请超过半数，充分说明了受调查企业在其技术研发和创新方面的实力。申请总量、国外申请量与引进量相比较，无论是申请还是引进的专利，发明专利都占有绝对优势。这说明我们调查的企业一般都把技术含量较高的发明专利作为战略主导，以技术创新作为企业的生命之源。针对专利竞争情报、竞争对手跟踪、专利战略、外部环境 4 个一级变量，本章也作了概括性分析，发现较多企业能够重视专利竞争情报，注意跟踪竞争对手，积极实施专利战略并格外关心外部环境。

第二节　两组企业专利战略变量组合的比较

通过前几章的分析和论述，我们可以总结出基于专利竞争情报的企业专利战略基本模型（如图 6.16 所示）。作为结果的企业专利战略组织机制，其直接目标一般是竞争对手，其信息中介是专利竞争情报，其分析工具是专利竞争情报系统。受到专利竞争情报的作用，企业进行战略决策，决定如何实施专利战略，其企业专利战略组织机制都要考虑的是支撑环境的问题。

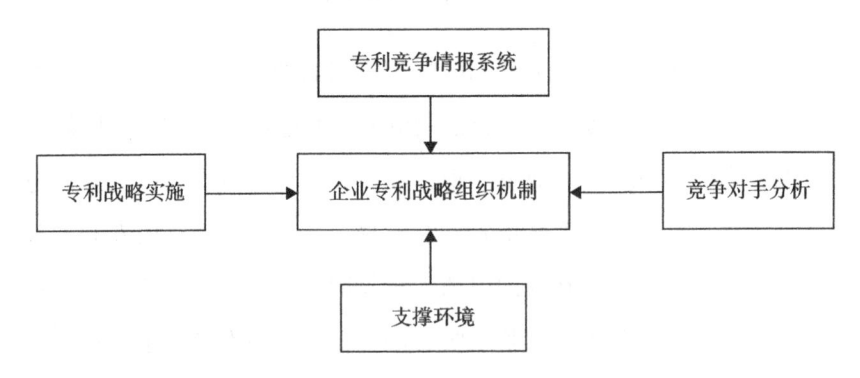

图 6.16　企业专利战略基本模型

本节将利用两组企业的比较，来扩展这一简单模型。

一、研究设计与方法

本书选取整个调查中排名在前 30 名的企业和排名在后 30 名的企业情况进行对比，表 6.8 为两组企业的基本情况对比。

表 6.8　专利竞争情报组织评价（F_i）较高和较低的企业统计与检验

变量	知识产权信息组织评价较高企业		知识产权信息组织评价较低企业		T 值	P 值
	平均值	标准差	平均值	标准差		
研发人数/人	543	477	389	412	1.02	0.307 5
专利数量/个	332.8	362.8	10.6	19.2	-3.82	0.000 5***

续表

变量	知识产权信息组织评价较高企业		知识产权信息组织评价较低企业		T值	P值
	平均值	标准差	平均值	标准差		
销售收入/万元	5 490.7	8 570.9	6 114.9	7 587.6	0.102	0.911
政府资助/级	4.5	3.6	2.5	2.2	3.07	0.003 9***

*** $P<0.01$。

注：政府资助由于许多企业没有写明具体数字，只能用1~5的级别来显示。

在两组企业中，研发人数和销售收入的差别不是很明显，而专利数量和政府资助的影响差异很明显。

由于本书采用的数据有很多5级李克特量表的数据，所以在本书中仅仅初步判断是否存在明显的差异，对因果关系和其他关系将在以后的研究中深入。本书采用林肯和古巴开发的定量内容分析方法（Quantitative Content Analysis），这个方法主要解释和处理文本信息的编码，把5级李克特量表中的1~3级设为0，4~5级设为1，这样就把原来的级变量转换成了0，1变量。首先，将访谈和调查的信息归结到不同类型中去。由于本书设计初期就有明确的结构，所以相关的信息都涵盖无疑；其次，我们用一个精确概率检验（A one-tailed Fisher Exact Test）检验专利竞争情报组织评价较高的企业和相对较低的各30家企业之间的频数差异；最后，我们初步形成分析结论。

二、研究发现与分析

（一）专利竞争情报系统

两组企业在获取情报渠道、领导人的重视利用程度、专利情报工作资金投入等方面差异显著。在专利情报满足程度、专利情报分析方法效果等因素上没有显著差异。

首先，获取情报渠道效率高企业在评价高的一组中占70%，而在评价相对低的企业组中仅占 20%。很明显，获取情报渠道效率为企业提供了相关行业的关键知识，同时也保证了知识的可靠性和先导性。

根据企业的分布情况，可以将情报获取种渠道分成三类：①使用频率比较高：公开出版物、网络专利信息（免费）；②使用频率一般：专利代理机构、行业协会；③使用频率比较低：网络专利信息（收费）、专利信息提供商。

随着费用的增高，使用频率逐渐降低。一般来讲，使用最为频繁的信息都是包括网络信息和公开出版物在内的一定意义上的免费信息，企业对直接获取专利尤其是免费获取专利很感兴趣。专利信息提供商提供的信息可靠而且方便，但是价格比较高，因此使用频率不高。使用公开、免费信息是企业的首选，加入行业协会和委托代理机构进行专利情报获取成本也比较低。而使用网络专利收费信息明显还不够普及，专利信息提供商都要逐条收费，费用较高。

其次，正如我们的预期，在两组企业间领导人对专利信息系统的重视程度的有明显差异。整体来看，大多数的领导人对专利竞争情报系统就不是很重视，两组总共只有 11 家比较重视。但是很明显，评价高的一组是评价低的一组的 4.5 倍。

再次，专利情报工作的投入在两组企业中的差异明显显著。这表明资金的投入、相关人员薪酬的保障是专利竞争情报系统工作效率的正相关因素。这与我们实际工作中的感觉大致类似，尤其是专利工作者的薪酬问题，直接影响了专利情报能够充分的收集、分析、传递与有效利用。

最后，尽管本书假设专利情报满足程度、专利情报分析方法效果对于企业专利竞争情报工作具有很大的推动作用，但是结果并不显著。尤其专利情报满足程度方面，评价低的企业组超过了评价高的一组。究其原因，可能是因为企业自认为自己的情报或者方法已经很大程度地满足了自己的需求，因而不需要再做改进。

(二)竞争对手专利技术跟踪与监测

两组企业在关注和确立竞争对手、竞争对手分析方法、竞争对手技术水平掌握、竞争对手专利原理的掌握及竞争对手监测方式等方面存在显著差异。没有显著差异的变量是对手研发地域、情报分析报告内容、情报分析结果形式。

第一,评价高的企业对竞争对手的关注程度远远超过了评价相对低的企业,前者是后者的2.2倍。正是强烈的竞争欲望和压倒对手的战略使企业关注自己的专利情报机制,力争做到知己知彼;也正是由于对于竞争对手关注不足,导致评价较低的许多企业忽视了相关竞争者的信息,成为自己专利情报机制中的重大缺陷。

第二,评价高的一组企业所利用的情报分析方法的效率明显高于评价低的一组。在实际调查中我们发现,专利文献分析法是使用最多的一个。这说明从技术角度来跟踪监测对手的重要性;同时也说明情报获取渠道很大程度上影响着分析方法,因为专利文献毕竟是较容易获取的资料。同时,财务报表分析也使用较多,可能是因为企业关注财务状况的一种延续行为。专利地图、关键成功因素、情境分析等方法并不常用,尤其是在分析超越竞争对手中比较有效的技术——定标比超,使用的企业很少,这种现状需要改变。

第三,对手技术水平掌握、对手专利原理的掌握在两组企业中都是差异比较明显的因素,而后者更为突出。一个完善的对手专利情报分析,不仅要知晓其技术水平,更要了解其技术细节。在三级指标的统计分析中,我们发现较多的企业关注对手的专利用途和专利使用方法,而对专利的原理不是特别关注。这一表象说明多数企业关注的专利表面现象多过了专利的设计原理。而在评价不同的两组企业的对比中,我们很明显地发现,专利原理的掌握是专利情报机制的重要因素。

第四,一般企业会对竞争对手采取预警型、反击型、攻击型及临时型等监测方式。在实际操作中,这几种方式是互相补充、相辅相成的,而预警型的监测方式应该是其他监测方式的基础。监测方式的正确选择与有效实施,是完善专利情报机制、充分了解竞争对手的必由之路。

第五,两组企业中对手研发地域因素差异不明显。由于目前信息技术的发展及通信工具的利用,地域要素已经逐渐淡出情报分析的核心领域。情报分析报告内容、情报分析结果形式也属于差异不明显要素,而且前者尤其不明显,这与我们的假设相悖。究其原因,两组企业虽然在总体评价上有差别,但在对待分析结果态度基本相同。

(三) 外部支撑环境

两组企业在专利制度的满意度、信息意识与信息素养、中介服务的满意度、政府资金支持等方面存在显著差异;行业技术更新的差异性不明显。

首先,差异最明显的是政府资金支持要素。信息机制比较完善的企业会主动谋求政府等外界力量的支持,同时,外界的支持也进一步巩固了竞争情报机制的建设,提高了相应工作的地位,容易产生良性循环。统计数据表明,评价高的一组企业,对专利制度、中介服务满意度较高,对相关人员信息意识与信息素养评价也比较高。这也进一步说明了完善的信息机制与外界环境的相互作用与影响。

其次,作为大家都很关注的行业技术更新在统计结果中表现出来的差异并不明显。这也从某种角度说明了两组企业对行业技术更新都很关注,在表2种,评价较低的企业组的频数(28)甚至超过了评价较高的一组(26)。

(四) 专利战略实施

两组企业在专利战略规划、专利申请战略、专利权获取、专利战略培训等方面存在显著差异,在专利战略规划、产品特性和竞争压力方面不存在明显差异。

首先,差异性最明显的变量是专利申请战略,评价高的一组企业频数是评价低的一组企业的2倍多。一个企业进行专利申请战略,必须建立在前期调研、相关技术情报支持等情报工作之上，因此一个专利申请战略比较周全的企业一般都会有完备的情报组织机制。

其次，专利权获取因素在两组企业中也具有差异性。专利权的取得一般通过自主或合作研发、购买或兼并企业、利用过期专利等。由于我们选取的企业偏重自主研发，因此自己申请或者合作研发的专利比较多，即使在评价比较低的一组企业中，较多地获取专利权的企业绝对数量也不少。

再次，评价高的一组企业专利战略培训要素频数明显高于评价低的一组。显然，专利战略知识培训有助于专利情报机制的进一步完善，同时为专利情报工作打好基础。

最后，专利战略规划显然是一个为两组企业所忽视的要素，其频数在两组企业中都很低，说明我国企业对于专利战略规划方面存在着明显的不足。就企业专利产品的特性而言，评价低的一组企业的频数竟然略高于评价高的一组企业，这可以说明企业专利情报组织机制和专利产品的特性不存在相关性或相关性极弱。两组企业对竞争压力的感受频数都比较高，没有较大差异。

本书遵循了专利竞争情报系统、竞争对手分析、支撑环境、专利战略实施的基本路径，构建了企业专利战略组织机制的简单模型。随之将模型的4个层面分解成24个二级指标（如表6.9所示）进行了统计分析。在分析过程中，我们发现15个变量在两组组织机制评价不同的企业中具有明显的差异。在此基础上，我们可以把这些变量看作企业专利战略组织机制的关键要素，用来组织或者评价一个企业的专利战略组织机制。

表6.9　专利竞争情报组织评价（Fi）较高和较低的企业之间研究变量的差异

变量	企业数（每组企业数=30家）		
	知识产权信息组织评价较低的企业（个）	知识产权信息组织评价较高的企业（个）	P值（Fisher exact test）
专利竞争情报系统	—	—	—
获取情报渠道的效率	6	21	0.014**
专利情报满足程度	28	23	0.812

续表

变量	企业数（每组企业数=30家）		P 值（Fisher exact test）
	知识产权信息组织评价较低的企业（个）	知识产权信息组织评价较高的企业（个）	
领导人的重视利用程度	2	9	0.021**
专利情报工作资金投入	10	18	0.016**
专利情报分析方法效果	24	27	0.48
竞争对手分析	—	—	—
关注和确立对手	10	22	0.018**
竞争对手分析方法	11	18	0.06*
对手技术水平的掌握	18	26	0.07*
对手专利原理的掌握	12	22	0.009***
对手监测方式	15	22	0.055*
对手研发地域	19	14	0.147
情报分析报告内容	14	16	0.5
情报分析结果形式	27	22	0.182
支撑环境	—	—	—
专利制度的满意度	22	27	0.09*
信息意识与信息素养	17	25	0.024**
中介服务的满意度	14	20	0.059*
行业技术更新	28	26	0.557
专利战略	—	—	—
专利战略规划	8	10	0.159
专利申请战略	13	29	0.021*
专利权获取	15	20	0.097*
政府资金支持	6	19	0.0039***
专利战略培训	12	21	0.025**
产品特性	19	14	0.147
竞争压力	17	20	0.16

* $P<0.10$；** $P<0.05$；*** $P<0.01$。

第三节 基于竞争情报的企业专利战略模型

为了使企业能够更好地利用竞争情报方法进行专利战略的分析与管理，本书试图在上述分析的基础上，结合专家问卷调查的结果建立企业专利战略分析与管理的综合模型（如图 6.17 所示），以求对企业专利战略工作有所帮助。

整个模型分成两部分，前一部分为专利竞争情报的运作模式，后一部分为专利战略管理模式。前一部分基本包括了专利竞争情报的整个产生、收集、整理、分析、传递过程，在这个过程中，作为企业直接目标的竞争对手被分解为不同的专利技术单元，被专利竞争情报系统跟踪与监测。作为直接成果，专利竞争情报系统的跟踪与监测结果直接传递给后一部分，即专利战略管理系统。专利战略管理系统结合企业内外部环境，通过对专利竞争情报的进一步分析，初步作出决策，并根据外界的变化进行调整。同时，企业还要进行反竞争情报的布置，保护自己的专利情报和商业秘密。

在这个模型中，关键路线可以从以下分析中得出：

首先，竞争对手的分析过程。作为竞争情报的主线，从识别竞争对手、确定跟踪与监测对象到实施跟踪与监测，一直到跟踪与监测结果的得出，专利竞争情报贯穿了竞争情报系统对于情报收集、分析、传递、服务的整个过程。因此，它也是竞争情报系统的主要工作目标。在整个分析过程中，就要用到以前介绍的价值链、产品技术链、SWOT 分析、Benchmarking 等工具，当然如何使用这些分析工具要根据实际情况选择一种或多种的组合方式。对于竞争对手专利技术有单一专利跟踪或混合专利跟踪等方式，一般大型企业侧重于后者，快速成长型企业则侧重前者。

其次，要得到完善准确的情报分析结果，不仅要关注竞争对手，企业外部的竞争环境也十分重要，行业标准、市场标准、中介机构、政策法规都是影响企业专利战略的重要外部环境，这也是专利战略必须考虑的要素。

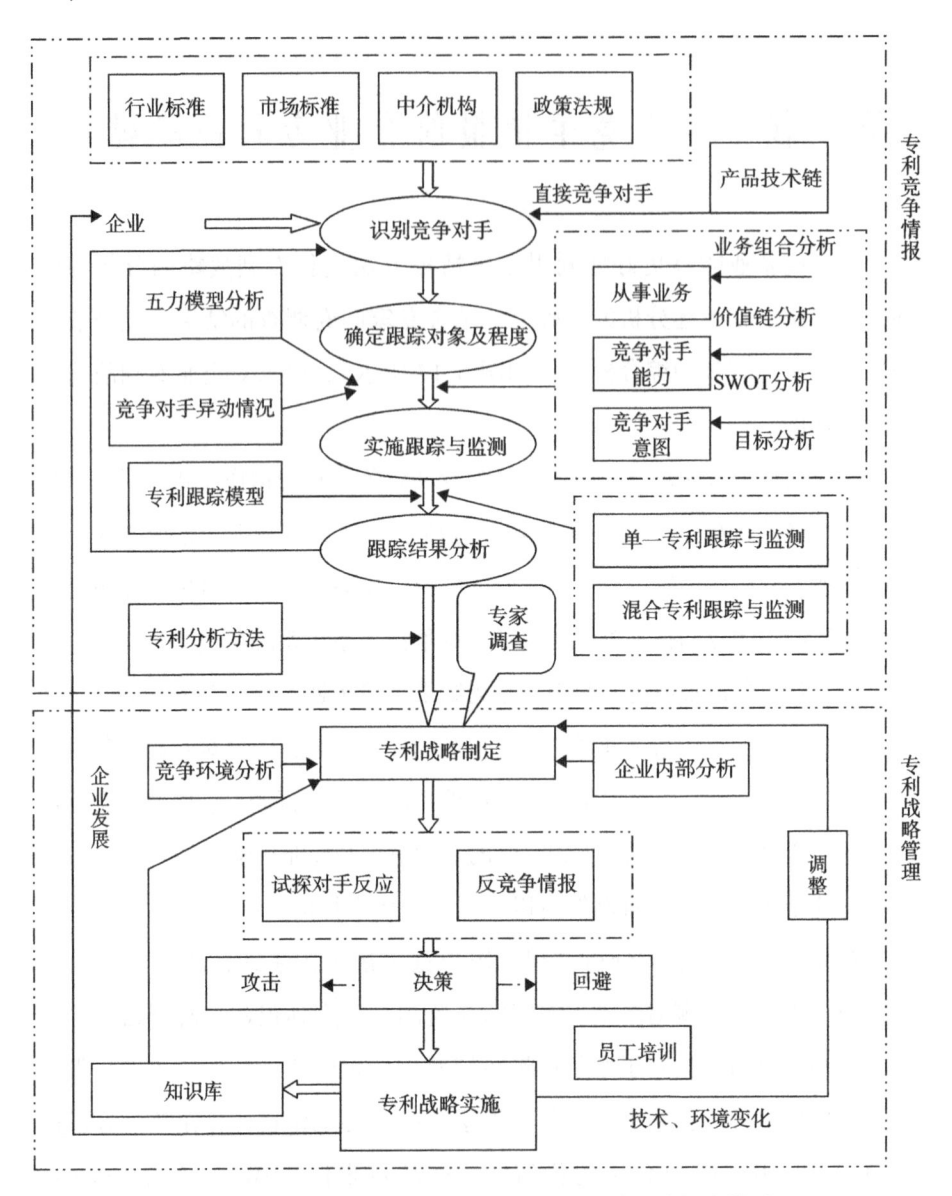

图 6.17 动态环境下企业专利战略分析与管理的综合模型

最后，在专利战略制定、实施的过程中，也必须注意使用竞争情报的方法来作为保障。无论是专利的申请战略还是实施战略直至防卫战略，整个过程都需要情报保障系统的信息支持，尤其需要注意的是反竞争情报方法的使用，能够使企业在专利战略竞争中更加完善地保护自己，从而做到知己知彼，百战不殆。

第七章 基于竞争情报的企业专利战略保障系统

竞争情报与专利战略必须通过一个中介系统才能产生直接的关系，这就是基于竞争情报的企业专利战略保障系统。为了叙述简便，本书把这个系统简称为"专利战略情报保障系统"。该系统的建立具有重大且深远的意义，它建立起了一个包括竞争对手的产品和服务、优势和劣势、市场焦点、销售渠道等在内的竞争情报数据库，通过定标比超、核心竞争力、财务和价值链等分析方法进行分析，为企业的决策提供参谋和智囊。专利战略情报保障系统的建立可对企业的竞争环境进行全面监测，对市场风险和竞争劣势发出风险警报并提供应对策略，进而使企业降低产生成本、增加企业利润。专利战略情报保障系统是提高企业竞争能力的向导，企业竞争能力包括产品、质量、价格、服务、管理、技术、生产工艺、信息能力、职工素质等多种因素，专利战略情报保障系统可以对上述诸多因素进行综合分析、判断，消除影响和制约企业竞争能力的因素，全面掌握竞争对手各方面的资料，做到知己知彼、百战不殆。专利战略情报保障系统可以加快企业技术创新的进程，在市场竞争日益激烈的今天，技术创新是企业持续发展的保证，技术创新需要掌握最新科技政策、科技信息等资源。通过专利战略情报保障系统可以快速掌握信息资源并加以准确运用，大大提高创新效率和效益。专利战略情报保障系统的建立可以整合企业内部信息资源，提高工作效率；可以减少企业内部运行的中间环节，避免一些重复劳动，实现情报资源的共享，大幅提升企业信息资源利用率。本章在以前论述的基础上构建一个基于专利竞争情报的专利战略保障系统。

第一节 专利竞争情报的组织机制

一、专利竞争情报的产生

专利竞争情报人员主要从两个角度入手来评估相关专利：一是专利权法律问题，二是商业问题，主要考虑可能将工艺转化为产品的竞争对手和领先者的技术能力。实际上，法律问题对商业问题有很大影响，所以不能独立地看待这两种问题，而是要同时考虑这两个方面的信息获取技术。

如果一个公司获取了一项专利，那么这项专利所产生出的多种应用都会给公司带来竞争优势（如图7.1所示）。从商业角度来讲，专利中描述的技术可以转化为新产品并向公众出售，而且也可以进行专有使用和技术交换的授权。从法律角度来讲，无论是否实际应用，专利可以作为一种竞争的防护（competitive block），既可以阻止竞争者，也可以根据专利拥有者的愿望迫使对手达成授权协议。无论是从法律还是从商业角度。[1]

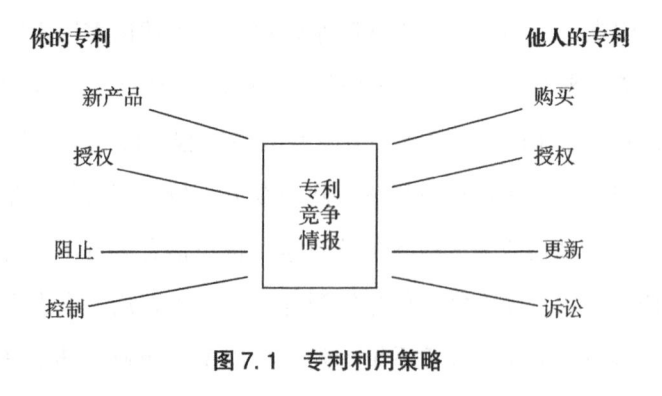

```
       你的专利                           他人的专利
       新产品                              购买
       授权          ┌──────┐              授权
                    │ 专利 │
                    │ 竞争 │
       阻止          │ 情报 │              更新
                    └──────┘
       控制                               诉讼
```

图7.1　专利利用策略

---

[1] CANTRELL R. Patents intelligence from legal and commercial perspectives[J]. World Patent Information, 1997, 19(4):251-264.

就竞争性专利而言，当专利中描述的技术成为竞争的障碍时，或者当存在一种潜在的选择权使获取某项技术比自己研发更节约，那么又会产生出 4 种途径（如图 7.1 所示）：第一种途径是购买或者完全控制这项专利；第二种途径是获取专利的专有使用和技术交换的授权；第三种途径是投资开发一种在某种意义上比原来专利技术更先进的技术；第四种途径是通过法律手段使竞争对手的专利失效或者对显而易见的侵权行为提起诉讼。

总之，当公司对其自己或其竞争对手的研究成果（专利）进行管理时，图 7.1 中的 8 种变量的互动就会产生。这些变量互动中所产生的信息，经过加工就形成了关于对竞争对手、竞争环境及企业自身的具有竞争价值的专利竞争情报。进行专利竞争情报活动是企业获取竞争优势的重要手段，简单地说，专利竞争情报的组织和利用主要就是在占有大量相关情报的基础上，对图 7.1 中的 8 种变量进行综合权衡，从而为决策提供科学依据。

二、专利竞争情报的基本形式

专利竞争情报是围绕竞争情报而展开的，是指企业为了在激烈的市场竞争中赢得和保持优势，对竞争对手、竞争环境及企业自身的专利情报进行合法地收集、控制、分析和综合，并对其技术或战略发展趋势作出预测，形成持续的、增值的、对抗性的核心能力，从而为企业的战略和战术决策提供依据的智能化活动过程。

根据不同的划分标准，可以将专利竞争情报划分为不同的类型。

从专利本身角度出发，根据专利的类型，专利竞争情报可以划分为发明、实用新型、外观设计等类型；根据专利的申请范围，专利竞争情报可以分为基本专利、改进专利、相同专利、同族专利、增补专利、再公告专利等类型。

从更广义的角度出发，专利竞争情报可以分为正式的和非正式的两种。正式的情报类型包括发明专利公报、实用新型专利公报、外观设计专利公报、审判公报、判决（命令）、有关专利侵权事件等；非正式情报类型包括被拒绝审定、撤销、放弃等无效的专利申请文件、专利局内设置的专利申请簿、专利局收藏的专利申请案卷等。

从竞争性的角度出发，专利竞争情报可以分为法律与商业两种类型。在企业谋求竞争优势的过程中，专利竞争情报的作用主要体现在两个方面：商业情报和法律情报。当公司用相同的技术去解决相同的问题，无论是商业还是法律问题都会涉及专利竞争情报；当公司用相同的技术去解决不同的问题，那么问题主要将围绕法律范围展开；当用不同的技术去解决相同的问题时，起作用的主要是商业竞争情报。

界定专利竞争情报的概念与内容有助于我们进一步对其运转、组织、利用等机制进行程序层面及理论层面的探讨。

三、专利竞争情报的运作流程

（一）购买与检索：专利情报获取

专利竞争情报分析最主要的问题之一就是所分析的专利是否代表了感兴趣的所有专利，因此专利情报获取是非常关键的一步，是专利分析的基础。专利情报获取的原则是全面性、针对性、系统性、计划性和及时性。专利情报资料搜集的途径和方法主要有采购（订购、选购、邮购）、交换、索取、检索、经常浏览、实地考察、口头交流等。在获取情报的方法中，最主要的手段是专利情报检索，即根据一项或数项特征从大量的专利文献或专利数据库中挑选符合某一特定要求的文献或信息的过程。要想达到比较好的检索结果，不仅需要分析人员对相关技术有全面的了解，而且需要分析人员熟悉各种检索工具，不同的检索工具（数据库）在编排格式与收录内容方面有所不同，如语言、技术和年代覆盖面、是否包含文摘、是否包含引文，以及是否能区分专利的法律状态等。

1. 专利情报检索的途径

专利情报的检索一般可以按照分类、专利号或者专利权人的途径展开。

（1）分类途径。首先要限定类目范围的大小，否则将会影响检索质量。然后的检索步骤顺序依次是：分类号—分类索引（存在于年度索引或专利公报中）—专利号—专利说明书。分类途径所使用的工具主要有各个国家的专利分类表、国际专利分类表、分类表索引和目录索引、专利年度索引中的分类索引部分及专利公报中的分类索引部分等。

（2）专利权人途径。知道专利权人姓名或名称后，使用这一途径比较方便。专利持有者有可能是发明人或受让人。所以，发明人不一定是专利权人。如果单纯从发明人途径进行检索，往往会造成漏检。所以本检索途径的关键是发明人、受让人等的确切姓名或名称。各国专利局出版的专利公报中一般都附有专利权人、发明人、受让人的姓名索引，每个姓名对应相关的专利号。

（3）专利号途径。从一个专利号可以扩大检索范围，一般可以根据有关专利号找出说明书，确定分类号，然后以分类号继续查找其他专利。另外，利用《国际专利索引》《化学文摘》等工具，可以查到许多同族专利。

2. 专利情报的检索工具与网站

（1）主要检索工具。中国专利检索工具书主要有中国专利公报、中国专利年度索引等。美国专利检索工具书主要有美国专利公报、美国专利年度索引、美国专利分类总索引等。德温特公司出版的 WPIG 目录周报（World Patents Index Gazette）、WPA 文摘周报（World Patents Abstracts）等检索系统也很有市场。

（2）一些专利情报网站也有大量的专利竞争情报，如中国专利文献数据库（http://www.beic.gov.cn/database/patent.html）；中国专利信息网（URL：http://www.patent.com.cn/）；Derwent 专利数据库（http://www.

derwent.com/）；等等。

（3）失效专利数据库，如 http://www-trs.beic.gov.cn/patent 等。失效专利是指因各种原因放弃专利权及专利申请权的专利及专利申请。失效专利是一座等待开发的技术信息资源宝库，有着极大的利用价值。

（二）整理与分类：专利竞争情报提炼

专利竞争情报是产生于专利情报的基础之上的，其实现手段就是对于专利情报的整理。专利情报中所蕴含的知识及其外部形态总是有一定的关联度的，所以专利情报整理可以分为两种类型：一种是形式整理，另一种是内容整理。形式整理包括素材的分类、排序、标引、编号等工作，是一种外部特征的整理。内容整理是一种内部整理，其内容包括三个方面：一是情报主题的总结，如内容的综合、数据的汇总、图表的编制；二是对于专利情报进行分类、筛选、鉴别、剖析；三是数据整理（统计、换算、更新、补遗等），主题整理（相近、相同、相反的情报聚类），情况整理（相类似的场景的整理）等。

总之，根据竞争要求，从专利情报中挑选出符合决策需要的信息，使之系列化、条理化，从而形成为决策服务的专利竞争情报。

专利情报的整理一般按照以下的方法进行。

（1）分类排序。首先按照需求将专利情报分入不同的类别，并将每一类别中的情报根据相关性的大小按照顺序，做到聚同分异，使之系列化、条理化。这个过程中，可以进行查重并分析时效性、效用性，对不必要的、重复的情报进行删除，并且对于那些必要的而又缺乏实质内容的类别提出进一步搜集的反馈。

（2）对比剖析。在分类排序的基础上，通过对比可以提高情报鉴别能力。对比可以从两个方面进行，一是将同类或相似的专利信息进行比较，判别优劣，从而了解技术发展趋势和水平；二是区域对比，将不同国家、地区、单位的产品或技术进行比较，为定标比超分析提供基础数据。

（3）列表展示。将基本的数据或信息整理成曲线图、二维表等形式，可以使情报一目了然，一般可以选取时间、空间和事件三个维度来确定图表的绘制方法。

（三）统计与分析：专利竞争情报分析

专利竞争情报分析的方法是以信息计量学为基础、借助于竞争情报的许多分析方法综合而成的。以前的专利情报分析主要是手工从专利文献中检索出有用的信息，利用有关统计方法，结合行业经验来进行分析处理、探索隐藏在其中的竞争情报。随着信息技术的发展，专利竞争情报的分析方法向着自动化、智能化、可视化的方向发展。一般来说，针对不同目的、不同对象、不同要求的分析方法或侧重点是不一样的。

根据从一般到特殊的观点，本书把专利竞争情报的分析方法分为基本方法（内容分析、数量分析）、专门方法（水平动态、技术预测）、综合方法（对比、模型）等类型。

具体而言，基本方法包括：原文分析、简单统计分析、组配统计、关键词频统计；专门方法包括：技术细分后再统计、指标变化图表和技术动态及特性比较表；综合方法包括：矢量动态模型、专利引文分析、专题资料分析、专利地图分析。[1]

(1) 原文分析。通过检索竞争对手企业的专利说明书，对其进行仔细阅读、认真分析来掌握竞争对手新产品、新技术的开发特点，包括寻找空隙法、技术改进法、技术综合法和专利技术原理法。

(2) 简单统计分析。按照专利研发人、专利申请人、专利分类号和专利文献的数量分别进行统计分析。通过对相关情况的统计分析，能够了解各国科技进步的现状、技术研究兴趣或热点的转移情况，能在一定程度上摸清当前技术发明人的注意力及该项技术领域发展的去向，可以看出在某一技术领域的竞争情况，甚至可以判断出最活跃的领域。

(3) 组配统计分析。通过对专利统计中专利分类号、专利权人、专利

---

[1] 李德升. 专利竞争情报组织机制研究 [J]. 图书馆工作与研究. 2006 (2): 2-6.

申请日（授权公布尔日）和专利申请国进行组配统计，由此获得各种统计信息，然后对这些统计信息进行分析。

（4）关键词频统计。删除重复申请的专利，然后从专利权项、摘要和标题中抽取若干带有技术实验概念的关键词；对关键词的频数进行统计；对出现概率比较高的关键词进行逻辑组配，进行技术概念的再理解。

（5）技术细分后再统计。可以使用等级树来表示相关部分或要素之间的主次关系，按等级树原则对某一技术进行技术细分展开，对其下位概念逐项进行统计。

（6）指标变化图表和技术动态及特性比较表。技术动态及特性比较表主要用来从技术领域、产品的某些功能等角度，反映不同年度和不同企业申请专利的技术动态和特性，从而比较诸企业的技术开发趋势和方向。主要形式有企业在不同年度、不同技术领域中技术开发比较，不同科研选题的比较、不同企业不同科研选题比较，各种因素之间的回归分析。

（7）矢量动态模型。专利文献除反映科学技术的量变关系外，还隐含着科技发展的方向，因此借用矢量的概念来加以表示。应用矢量动态模型法就是把统计的动态数据实行矢量模型化，然后对科学发展动向加以评价和预测。

（8）专利引文分析。对专利文献引用参考文献的现象进行分析研究，揭示其数量特征和内在规律，并据此进行技术发展趋势的评价。

（9）专题资料分析。所谓"专题资料分析法"，就是根据专利文献在国际发明分类表中的分散性，将某专题文献资料的地理分布、研究内容等进行排列组合和分析研究，从中预测世界上创造发明活动最活跃的国家以及侧重研究的领域等。

（10）专利地图分析。所谓"专利地图"系指将一次、二次、三次专利情报等信息及各种与专利相关的数据信息，通过统计分析的方法加以精细剖析、整理，从而制成各种可分析、解读的图表信息。"专利地图"根据其统计图表的不同类型，大致可分成二类：一为"管理图"，偏向于对专利相关信息以总申请专利获准件数为主进行统计，分析各个国家、公司、发明人,相关技术占有、竞争的情形,同时也对各个专利被引用的情况、技术独特之处、专利年龄(即其专利期限)、技术生命周期等做各个管理层面的分析。二为"技术图",即针对各篇专利加以详细解读,将各个专利申请主要技术内容进行剖析,使之成为技术研发人员更能了解的技术语言。

(四) 存储与传递:专利竞争情报成果

专利竞争情报分析结果应当是可以操作的,着重针对当前新技术的发展并与企业战略计划直接相关。就其内容形式而言,最好采用类似简介与短评的形式,语句简洁,条理清晰。就载体形式而言,可以形成卡片式、书本式文献或者存储在胶卷、磁盘上,刻录在光盘上,存储于云端等。根据本书实际调查数据分析,专利竞争情报分析结果基本集中于 7 种形式(如表 7.1 所示)。

表 7.1 最终情报可以采用形式

形式	使用情况	形式	使用情况
不定期的书面报告	68%	时事通信	29%
根据需求的可获得的文档资料	60%	企业内部的电子数据库	28%
定期报告	55%	定期的口头汇报	22%
不定期的口头汇报	43%	—	—

专利竞争情报分析结果传递一般是面向管理人员与研发人员,其形式多种多样,最有效的方式是提交书面的正式报告和建立 WEB 数据库在公司内部网络共享。另外,还可以通过定期会议、电子邮件、备忘录、口头汇报等形式进行交流与传递。分析结果作为最终的情报形式一般应形成分层次分系统的分析报告。表 7.2 是一个分层次的专利竞争情报分析结果体系。

表 7.2　分层次的专利竞争情报分析结果体系

专利竞争情报分析结果	主要内容	目标群	报告频率
专利战略报告	分析特定问题，提出建设性方案	高级管理层	根据需要
专利趋势报告	衡量技术发展变化状况	中级管理与高级管理层	半年或1年
专利创新报告	对新技术的跟踪与剖析	中级管理层与研发人员	1季度或半年
竞争对手报告	对手的专利申请与获取情况	一般与中级管理层	根据需要
专利整理统计数据报表	按照分类、主题组织的专利信息及其各种指标	一般管理层、技术人员	1月或1季度

专利竞争情报的收集、分析与加工、传递都可以纳入情报保障系统来进行，以上各种形式的分析结果，都可以成为战略决策的重要参考依据。

第二节　专利战略情报保障系统的构建

专利战略情报保障系统是竞争情报系统的一种特殊形式，因此，其构建方式应该完全依照竞争情报的理论与原则来实施。专利战略情报保障系统的核心是对专利竞争情报的收集、分析并将其结果传递、服务。专利战略情报保障系统不但对情报创造者有极大的价值，而且对情报利用者也有极大的价值。专利战略情报保障系统可以指导企业通过自主研发部署专利，在竞争对手的核心技术网络中找出突破点，使企业在相关领域的竞争中获得有利的位置。

一、专利战略情报保障系统的建设原则

很多企业特别是大型的先进企业已经越来越意识到建立竞争情报系统的重要性。例如，2022年百度公司刚推出基于Internet和Intranet相结合的竞争情报系统，就立即受到了中国移动、中国石化、海尔集团等大企业的

关注，并以此为平台，纷纷搭建自己的信息情报系统。[1] 很快，该系统也成为神州数码等大型互联网公司的核心子系统。作为专利战略情报保障系统，其建设应该遵循以下原则。

第一，竞争情报系统的建立要获得企业高层的认同。竞争情报系统的建立需要得到企业一把手的支持，企业领导要充分认识到信息、知识、情报对企业核心竞争能力培育的关键作用。

第二，企业情报收集时要重视对公开信息资源的挖掘和利用。大多数企业不可能在技术研发上投入很多资金，对专利数据库的研究可以给企业新产品的研制提供重要的方向和借鉴作用。诸如竞争对手的产品目录、领导人员在公开场合中的发言、产品发布会和展览会、竞争对手转送到政府部门的各种审批材料都可以作为重要的情报资源进行挖掘。另外，企业可以通过网络来收集有关竞争环境、竞争对手的信息。

第三，系统的建立不能过分强调信息技术的作用，更重要的是培养员工的情报意识。员工本身就是一个很好的竞争情报源，有时通过员工个人的人际关系可以廉价得到有关竞争对手的信息。培养员工的情报意识，建立相应的沟通、反馈与奖励制度是非常有必要的。建立在人际网络上的情报系统要比单纯建立在信息技术上的更有效。

第四，要促使情报在企业中的流转和共享，避免"情报孤岛"现象。因此企业应建立情报分享机制，情报部门应定期和各部门的负责人座谈，进行情报交流。对那些正着手进行业务流程重组工程的企业更应把竞争情报系统与之整合，使得情报在整个流程中得到完整、正确的传播。

第五，企业要根据自己的需要和经济实力来建立情报系统。由于建立一套完整的竞争情报系统非常昂贵，一般中小企业是难以支付的。另外，由于缺少相关的理论和实践经验，这些企业开展竞争情报活动时有许多困难。因此，对特定的项目可以采用外包的方法，利用竞争情报服务机构的技术力量。当然，有实力的大企业需持续有效地开展竞争情报活动，因此

---

[1] 李子臣. 竞争情报系统的技术流派及其推广应用的障碍 [J]. 情报杂志，2005（4）：79-83.

在建设过程中要不断培养自身的力量,最终建立自己的情报系统,将情报服务机构的建议作为有益的补充。

第六,要和企业原有的信息技术基础设施和管理信息系统共同发挥协同效应。我国企业现在都非常重视信息化建设,很多大中型企业建立了以局域网为基础的不同规模的管理信息系统。企业每天产生的巨量信息,但是这些信息中真正有价值的、对管理人员的决策能够及时提供帮助的情报却是非常有限,企业面临"信息爆炸"的巨大压力。竞争情报系统要充分利用原有的网络设施,同时建立公共信息平台,各系统能和竞争情报系统进行信息的相互传递和推送,使得一方面各管理系统能根据竞争情报系统所提供的情报不断调整各自所供给的信息内容,适时根据竞争对手调整研发、生产和服务;另一方面竞争情报系统由于直接和管理系统连接,就能更快、更准确地获得情报源,及时提供早期预警和竞争策略。

二、专利战略情报保障系统的构成

竞争情报的生产经历了从采集、规整、分析加工到其可以按企业需要进行应用服务的过程。在这个过程中,情报资源由大量原始的"数据"转化为清晰的且能表达出一定含义的"信息",继而从中按照企业竞争需要提取出有价值的"情报"并应用于企业竞争实践。这样一个信息资源不断流动转换的过程就构成了竞争情报系统纵向的收集、分析、服务三个子系统。显然,从"采集""分析"到"服务",再到新的"采集",正是信息从低级到高级,从繁杂、没有价值到精练、具有价值并可以加以运用的信息循环流动过程,这也是竞争情报系统运作的主要过程。因此,专利战略情报保障系统的核心部分应该包括相关情报收集、分析、服务的三个子系统(如图7.2所示)。

(1)企业首席信息主管(Enterprise Chief Information Officer)是专利战略情报保障系统的灵魂,具有"承上"(提供核心情报,参与企业决策)和"启下"(协调各相关部门,使之平滑运行)的作用。

```
企业首席信息主管
├── 情报收集子系统
├── 情报分析子系统
└── 情报服务子系统
```

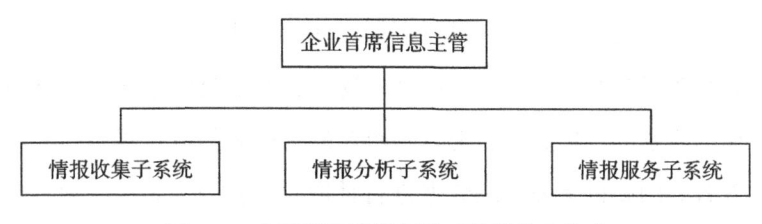

图7.2　专利战略情报保障系统的核心构成

(2) 情报收集子系统。该子系统包含信息手工录入模块、信息自动抓取模块和信息集成接口模块。信息手工录入模块由情报工作人员将来自各种信息渠道的信息通过录入界面手工录入收集子系统；信息自动抓取模块是电子竞争情报收集软件的一个综合运用平台，用户可根据自己关注的焦点，通过自动抓取模块，快速获取所需信息；信息集成接口模块主要负责企业已有信息的整合和已有信息系统的信息集成。

(3) 情报分析子系统。该子系统包含信息过滤模块、信息整序模块、信息加工模块和情报挖掘模块。信息过滤模块是信息加工的一个基础工作，主要是将录入系统的信息进行筛选；信息整序模块主要负责将无序的信息按照电子竞争情报需求，按制定的分类规则进行分类；信息加工模块主要负责将不同类型信息按照一定的格式进行转换，然后对已经分类好的信息进行标引；情报挖掘模块是信息增值的一个重要模块，其功能主要是用来负责对信息的内容挖掘及情报的内容分析。

(4) 情报服务子系统。该子系统包含用户定制模块和情报服务模块。用户定制模块是由用户根据自己的竞争情报需求向系统提供服务的入口；情报服务模块包括一个最终展现给用户的信息平台和一个满足不同用户不同需求的各种情报发送模块这两大部分。

三、专利战略情报保障系统的设计

一个自主研发型的企业在日常工作中需要分析处理大量的专利信息。专利信息量的迅速增长以及查询的复杂化，使传统的联机事务处理

（OLTP）系统不能满足对数据进行深层次多维分析的要求，于是人们提出了数据仓库和联机分析处理（OLAP）技术。数据仓库是支持管理决策过程的，面向主题的、集成的、随时间而变的、持久的数据集合，对分布在企业内部各处的联机事务处理数据进行抽取、净化，为企业决策分析提供所需的基础数据。❶ 联机分析处理则利用存储在数据仓库中的数据完成快速、一致、交互的分析，然后以直观的形式将分析结果返回给决策者。在一个针对专利进行决策分析的系统中，需要对专利信息进行多维分析处理，并将分析结果以多维视图的方式展现给决策者，从而企业决策者作出相应的决策。因要求该系统具有对大量多维专利信息进行快速分析的特点，所以在此采用了数据仓库和联机分析处理技术作为专利信息处理系统的核心（如图7.3所示）。

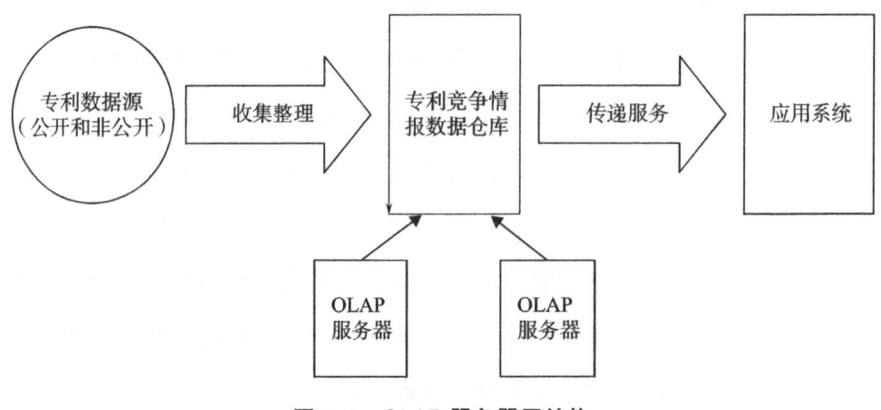

图7.3 OLAP服务器层结构

情报保障系统的原始数据来源为二大部分，即来自企业内部的事务处理数据信息和来自企业外部竞争环境和竞争对手的数据信息。企业内部数据信息指企业日常各个业务部门进行事务处理而积累的数据信息，如研发部门、财务部门、营销部门、生产部门等的事务处理信息，它们一般以企业的 MIS/MRPII/ERP 系统的数据库系统为中心，进行事务数据的登记、查询、打印等操作。企业外部竞争环境和竞争对手数据信息与内部事务处

---

❶ 金博尔 R., 罗斯 M. 数据仓库工具箱：维度建模的完全指南 [M]. 2版. 王念滨, 周连科, 韦正现. 北京：机械工业出版社, 2003：11.

理数据信息不同,是非事务操作型数据信息,其数据采集部门主要依据企业情报部门及对外的相关部门完成,因特网正成为主要信息源。同时,为了防止竞争对手获取自己的相关情报,系统中必须包括反竞争情报的功能设置。将专利战略情报保障系统与企业决策层、内外部的情报源、企业内部网、互联网及企业内部的各种信息系统相联系,可以规划出专利战略情报保障系统的整体构架(如图 7.4 所示)。

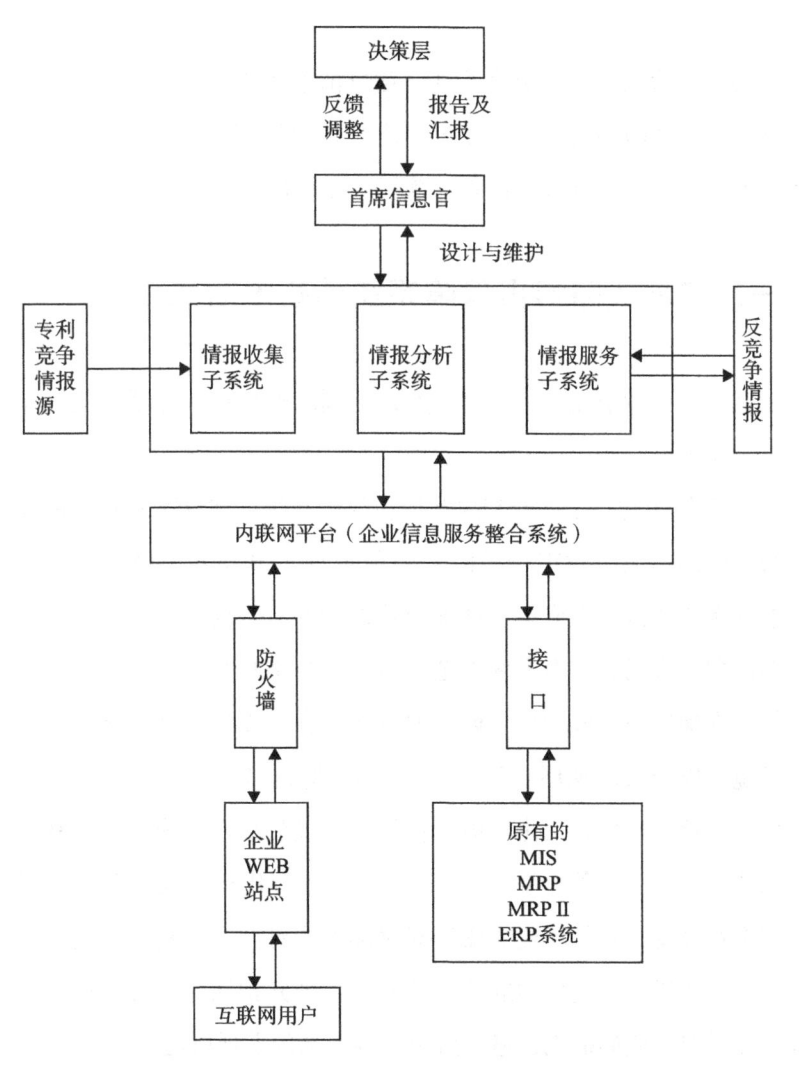

图 7.4 专利战略情报保障系统的整体架构

在实际的研发工作或者专利战略管理中,大家面对的都是一个内联网平台,高层的专利战略决策,中层的保障信息收集、分析、服务和基层的信息系统与信息网络支撑,都会集合在企业内联网平台上。

第三节 专利战略情报保障系统的功能及模式

专利战略情报保障系统除了具有竞争情报系统具有的一般功能外,主要是针对专利战略的制定与实施过程进行相应的信息支持,其模式根据不同企业的不同要求在规模、设置、领导等方面也各不相同。

一、专利战略情报保障系统的基本功能

从企业提升竞争能力的角度来看,专利战略情报保障系统的基本功能包括以下4个方面。

(1) 预警功能。企业专利战略情报保障系统的建立可对企业的竞争环境进行全面的监测,对市场风险和竞争劣势发出风险警报并提供应对策略,能使企业降低产生成本、增加企业的利润。目前,各个行业的市场竞争日趋激烈,市场影响因素变得越来越多、越来越复杂。对竞争环境的全面了解和准确把握,成为自主创新型企业生存和发展的基本条件。企业的竞争环境可以分为宏观环境和行业环境两部分:宏观环境包括政治环境、经济环境、社会环境、文化环境等;行业环境包括现有项目竞争状况、客户需求状况、潜在竞争对手(待开发项目)、替代产品或服务等。对自主创新型企业来说,竞争环境的任何变化都可能对企业的利益乃至生存产生重大影响。如果能阅读早期的预警信号,发现并预知这些可能的变化,就可以预先采取相应的措施,避开威胁,寻求新的发展机遇。

(2) 智囊功能。企业专利战略情报保障系统建立起了一个包括竞争对手的产品和服务、优势和劣势、市场焦点、销售渠道等在内的竞争情报数

据库，通过定标比超、核心竞争力、财务和价值链等分析方法进行分析，为企业的决策提供参谋和智囊。自主创新型企业的竞争行为有两种存在形式：一种是只针对一个项目或产品开发的项目公司，其竞争行为存在于单一的地域内，单一的市场细分；另一种是开发多个项目、多种产品的集团公司，其竞争行为存在于不同的地域、不同的市场层面中。但不论何种竞争行为，在制定竞争策略时都必须以竞争情报为依据。通过对竞争环境、竞争对手、市场需求、战略伙伴和企业内部的原始信息搜集，运用科学的分析方法，将其转化为准确实用的战略情报，让决策者充分了解经营管理的环境，从而制定出获得或维持竞争优势的战略规划或战术计划。

(3) 协调功能。企业专利战略情报保障系统是提高企业竞争能力的向导，企业竞争能力包括产品、质量、价格、服务、管理、技术、生产工艺、信息能力、职工素质等多种因素，企业专利战略情报保障系统可以对上述诸多因素进行综合分析、判断，消除影响和制约企业竞争能力的因素，为研发人员提供先进的知识，为决策者提供全面的资料。企业专利战略情报保障系统可以加快企业技术创新的进程，在市场竞争日益激烈的今天，技术创新是企业持续发展的保证，技术创新需要掌握最新科技政策、科技信息等资源。通过企业专利战略情报保障系统可以快速掌握信息资源并加以准确运用，大大提高创新效率和效益。企业专利战略情报保障系统的建立可以整合企业内部信息资源，提高工作效率；可以减少企业内部运行的中间环节，避免一些重复劳动，实现情报资源的共享，大幅提升企业信息资源利用率。

(4) 学习功能。知识作为企业的一种无形资产，在企业竞争中，起着无可替代的作用。知识管理研究的核心内容是：如何使知识，尤其是隐性知识，在组织中流动、交流、共享，以达到学习、创新，为企业获得、保持竞争优势提供保障。目前知识管理与竞争情报的融合日益明显，因此，专利战略情报保障系统在传递情报、提供服务的过程中也促进了组织学习的进程。比如，有关某种专利情报的传递服务，会让研发团队对某种知识获得共识，对改变成员的知识结构起到一定的作用。另外，决策者还可以从案例库中寻找类似的相关案例,根据以往的经验教训来完善自己的决策过程。

二、专利战略情报保障系统的模式

根据企业竞争情报系统的主要模式,本书参照目前理论研究与实践工作,将专利战略情报保障系统归纳为下几种运行模式。❶❷

集中模式:该模式设置一个情报中心,统一管理企业内部、外部的情报收集、加工、储存、提供等工作,即企业内部各职能部门所需要的信息统一由情报中心提供,同时,各部门因业务联系而得到的各类信息以统一的形式向情报中心汇总。该模式适应企业统一管理结构的需要,便于建立以计算机管理为主的情报保障系统,但该模式限制了各子系统的发展。同时,不能保持对用户市场和外部环境的动态跟踪,缺乏对技术机遇和创新机会的深入了解。

分散模式:该模式与企业扁平化管理结构相适应,将整个系统由核心管理部门向操作部门、小组和用户转移。该模式适用于那些职能部门的管理对象很少交叉的企业,便于发挥各部门因业务关系而能接触到来自各种特殊渠道的信息的优势,同时,使情报保障系统能更紧密地联系客户。

重点模式:以使用竞争情报最频繁的职能部门作为核心而建立的情报保障系统。该模式具有充分发挥情报收集与现存职能部门情报功能的作用以及通过职能部门的运作带动情报工作的特点,比较适合那些具有较强情报收集、处理能力的职能部门的企业,如营销部门、计划部门及研发部门等。

利益中心模式:将情报保障系统的功能与企业的利润或收支平衡相联系,建立满足企业需要的独立利益中心。该模式使情报保障系统打破传统的、反应迟钝的文化和心态,向富于创新、重视成本、反应灵敏的企业型

---

❶ 包昌火,谢新洲. 企业竞争情报系统 [M]. 北京:华夏出版社,2002:55-73.
❷ 王知津. 竞争情报 [M]. 北京:科学技术文献出版社,2005:86-93.

组织过渡。该模式要求竞争情报部门主动了解决策者和研发部门的情报需求，全力做好竞争情报工作。

外包模式：随着竞争情报的发展，情报保障系统也在实际工作中出现了各种个性化的模式。外包模式是将企业情报系统交给第三方，如咨询机构来建立并运行，这样既充分利用了外部资源，又可以集中精力进行研发和决策等工作。

其他模式：如果总公司下面设有几个子公司，情报保障系统应该如何设置就成为一个问题。邱晓琳将这种情况分为四种❶：①对于各子公司面对不同市场、不同资源和不同竞争对手，情报部门分设在各个子公司，只在培训上有少量的合作，这是分散模式的一种。②如果各个子公司面对共同市场和不同资源，情报部门分设在各个子公司，但共享市场情报。③如果各个子公司面对共同资源，不同市场和不同的竞争对手，情报部门分设在各个子公司，但是共享研发与制造设备情报。④如果各个子公司面对共同的资源和市场，在企业集团一级设立情报部门，对子公司实施高度协调，这是集中模式的一种。

---

❶ 邱晓琳. 提高企业竞争力的情报保障 [D]. 武汉：武汉大学，1999.

结论与建议 第八章

针对以上研究，本书在对我国企业专利战略现状进行充分分析的基础上进行汇总，并提出实施企业专利战略的对策与建议。

第一节 结 论

本书遵循了从竞争对手分析到专利情报再到专利战略的基本路径，借助于规范的逻辑分析、统计分析和实证分析，以竞争对手分析为主导，以竞争对手专利为主线，结合竞争情报方法，侧重竞争优势，研究动态环境下竞争对手技术跟踪与监测，力图在竞争情报方法的可操作性及其在企业战略管理中的应用这两个方面做出有益的探索。本书的研究结论主要包括：

第一，企业专利战略应当纳入企业整体发展战略，企业尤其是自主创新型的企业一定要制定自己的专利战略，以免在技术创新和竞争中陷于被动。专利战略是一个复杂的系统工程，它与企业经营战略直接相关，涉及经济、技术情报，市场预测，产品动向及经营者某阶段战略意图等问题。专利战略的制定路径与实施方案都要以内外部环境变化为基础来进行设计。专利战略首先要考虑的外部环境是专利制度，如专利审批制度、专利保护制度、专利管理制度、专利人才培养制度等；其次是产业政策变化、信息技术发展、行业动态、进出口贸易政策、加入WTO等要素。专利战略要考虑的内部环境是研发力量、专利技术能力、资金支持、信息系统等要素。

企业专利战略分为进攻型战略和防御性战略两类。结合环境要素，企业专利战略的侧重点应该建立在竞争对手的跟踪与监测、专利情报的管理与利用等内容之上。但是无论实施哪一种专利战略，企业领导者的支持与重视是战略目标实现的重要保证。

第二，竞争对手的跟踪与监测是专利情报中最重要的内容，也是市场预警与决策支持的基础。其中，在确定竞争对手跟踪与监测的决策层级与维度的同时，将其以决策类型进行区分，如操作类型竞争对手跟踪与监测、战术类型竞争对手跟踪与监测和战略类型竞争对手跟踪与监测等三种。尤其从操作的角度对如何进行对手技术跟踪与监测展开进一步的探讨。从战略角度看，竞争对手跟踪与监测表现为进攻、防御或者二者混合的战略；从战术角度看，一般表现为从业务组合分析对手从事业务，从价值链分析竞争对手能力，从定标比超分析对手能力等；从操作角度来看，竞争对手跟踪与监测就是在战略思想的指导下，将战术灵活运用到实际工作中。

无论何种模型，竞争对手跟踪与监测都遵循着以下基本步骤：识别竞争对手阶段（确定竞争对手、识别竞争对手的现行战略），实施跟踪与监测（识别竞争对手的相关能力、识别竞争对手想得到什么），分析跟踪结果（预测竞争对手可能做什么、制定自己的相应战略）。

本书第三章企业定标比超案例和第四章的基于 SWOT 分析法的专利战略选择较好地说明了竞争对手跟踪与战略制定阶段的方法运用，对企业有很高的参考价值。

第三，专利情报为专利战略制定实施提供了直接的参考和支持。其任务主要包括以下三个方面：①竞争对手跟踪与监控：对竞争对手的技术动向进行监控和评估，分析现存和潜在竞争对手的技术能力和方向，并提供情报资料，协助企业保持和发展可持续性的技术优势；②市场预警：对企业所处技术竞争环境全面监测，跟踪产品市场连续性与非连续性变化，对可能出现的市场机遇和危险提供早期预警；③决策支持：为企业把握产业结构的调整，评估行业关键技术发展趋势，为企业战略规划、战略战术决策提供支持。

第四，反竞争情报是专利战略制定与实施中要特别注意的环节。企业专利战略中的反竞争情报工作贯穿整个专利战略过程的始终，尤其是指与企业自身的专利信息调研战略、专利开发战略、专利申请战略、专利实施战略和专利防卫战略相关的企业核心信息的保护工作。

第五，专利战略情报保障系统是连接专利竞争情报和专利战略的桥梁。实施专利情报应当考虑信息源的确定，信息的收集、存储、分析、传递交流机制，情报成果类型等因素。为了更好地开展专利情报活动，企业应该建立相应的专利战略情报保障系统来实现上述的功能，它可以是一个独立系统，也可以将企业原有的竞争情报系统加以改善，合成专利情报的功能。专利战略情报保障系统的建立应当遵循系统性、客观性、及时性、经济性、适用性、持续性、长期性等原则。企业领导者的重视与支持是系统顺利工作的关键。

第二节 研究局限与后续研究的建议

本书虽然经过了认真的文献研究与实证研究过程，但仍然不可避免地受到客观条件的限制而具有一定的局限性。对于知识产权战略中的国家专利战略、行业专利战略，以及商标战略、标准战略等，本书由于精力所限，没有更进一步加以涉及。

就专利战略本身而言，它不仅涉及了战略管理问题，也涉及了法律、政策、行业、技术等许多方面的问题，本书由于篇幅所限，没有对后面四个方面做更系统的分析，需要在以后的研究中加强。

本书的调查问卷具有一定的局限性，由于限于力量所限，问卷样本比较少，调查也无法扩展到更多的企业。鉴于数据获取的局限，本书仅用其结果做了一些简单分析与证明，实证分析仅局限在模型建立的一章，而没有拓展为整个本书的分析基础。

基于以上研究局限性，本书肯定存在许多欠缺之处，这些都有待本人在今后的研究工作中予以弥补和完善。

在后续研究中,应当从国家知识产权战略的大框架出发,对于相关方面总体的研究与探索。对于专利战略进一步与战略管理和竞争情报相联系,着重发掘进一步的理论,开发新的课题。未来,新近的研究可以从以下主题入手:竞争互动中企业专利战略的柔性分析;专利战略与竞争优势的研究;等等。

参考文献

[1] 包昌火，黄英，赵刚. 发展中的竞争情报系统［J］. 现代图书情报技术，2004（1）.

[2] 包昌火，谢新洲. 竞争对手分析［M］. 北京：华夏出版社，2003.

[3] 包昌火，谢新洲. 竞争对手分析论纲［J］. 情报学报，2003（2）.

[4] 毕波. 试论虚拟企业［J］. 中国工业经济，2001（5）.

[5] 曾忠禄. 企业竞争情报管理——战胜竞争对手的秘密武器［M］. 广州：暨南大学出版社，2004.

[6] 陈峰，梁战平. 竞争情报与战略管理［M］. 北京：科学技术文献出版社，2004.

[7] 陈荣. 建立专利预警机制，减少知识产权纠纷［J］. 科技情报开发与经济，2006（6）.

[8] 陈燕. 入世后我国企业专利战略的构成与特点［J］. 安徽科技，2002（3）.

[9] 陈昭楠. 加强对竞争情报的研究和提供［J］. 情报资料工作，1995（2）.

[10] 董伟燕，李悦影. 浅议专利分析与企业专利战略［J］. 中国发明与专利，2012（12）.

[11] 菲利普·艾文斯，托马斯·沃斯特，艾文斯，沃斯特. 裂变：新经济浪潮冲击下的企业战略［M］. 上海：上海远东出版社，五湖传播出版社，2000.

[12] 冯晓青. 对企业专利战略几个问题的探讨［J］. 绍兴文理学院学报，2001（4）.

[13] 冯之浚. 战略研究与中国发展 [M]. 北京：中共中央党校出版社，2002.

[14] 傅汉清. 美国小企业研究 [M]. 北京：中国财政经济出版社，2000.

[15] 傅长青，颜祥林. 专利信息在高新技术产业专利战略中的作用分析 [J]. 情报探索，2006（2）.

[16] 高春玲. 论现代企业竞争情报系统的特点与功效 [J]. 边疆经济与文化，2005（5）.

[17] 郭磊，蔡虹，张越. 专利战略化情境下的产业核心专利态势分析 [J]. 科学学研究，2016，34（11）.

[18] 何洋. 企业战略决策中的竞争对手分析 [EB/OL]. (2005-11-7) [2022-12-22]. http://manage.org.cn/zjarticle/Article_Show.asp?ArticleID=2321.

[19] 贺宁馨，许可，董哲林. 专利诉讼的风险分析及其对企业专利战略的影响研究 [J]. 科学学与科学技术管理，2018，39（7）.

[20] 侯延香. 基于SWOT分析法的企业专利战略制定 [J]. 情报科学，2007（1）.

[21] 黄江川，谭力文. 从能力到动态能力——企业战略观的转变 [J]. 经济管理，2002（22）.

[22] 惠廷顿，佩蒂格鲁A. 组织匹配的新概念——把握战略 [M]. 北京：北京大学出版社，2003.

[23] 解树江. 虚拟企业的性质及组织机制 [J]. 经济理论与经济管理，2001（5）.

[24] 金碚. 经济学对竞争力的解释 [J]. 经济管理，2002（22）.

[25] 金光熙. 管理变革 [M]. 上海：上海人民出版社，2001.

[26] 金永锋. 浅谈专利战略在企业国际竞争中的模式 [J]. 经济与法，2002（5）.

[27] 金占明. 战略管理——超竞争环境下的选择 [M]. 4版. 北京：清华大学出版社，2002.

[28] 克里斯·韦斯特. 商业竞争对手的情报收集分析评估 [M]. 北京世纪英闻翻译公司译. 北京：中国商务出版社，2005.

[29] 赖茂生, 周键. 企业竞争情报体系的建立和发展 [C]. 全国竞争情报与企业发展研讨会会议录, 1995.

[30] 郎诵真, 王曰芬. 竞争情报与企业竞争力 [M]. 北京: 华夏出版社, 2001.

[31] 李德升. 专利竞争情报组织机制研究[J]. 图书馆工作与研究. 2006(2).

[32] 李东红. 企业联盟研发: 风险与防范 [J]. 中国软科学, 2002 (10).

[33] 李铁宁, 罗建华. 企业知识产权战略文献综述 [J]. 山西科技, 2005 (6).

[34] 李鑫炜. 基于信息分析的企业专利战略研究——以苹果公司对华专利战略为例 [J]. 现代经济信息, 2017 (14).

[35] 李玉平, 吴红. 基于AHP-SWOT法的专利战略因素分析及构建 [J]. 情报杂志, 2010, 29 (10).

[36] 李钊, 盛垚. 基于层次分析法和大战略矩阵的企业专利战略研究 [J]. 情报杂志, 2010, 29 (7).

[37] 李子臣. 竞争情报系统的技术流派及其推广应用的障碍 [J]. 情报杂志, 2005 (4).

[38] 梁新宏. 基于信息技术的企业动态竞争能力及其增强途径研究 [D]. 天津: 南开大学, 2004.

[39] 刘东. 非一体化经营方式的有效性及交易费用条件 [J]. 经济理论与经济管理, 2001 (9).

[40] 刘树民. 竞争情报: 挖掘企业的知识资源 [M]. 南京: 东南大学出版社, 2004.

[41] 刘玉照, 杜言, 刘建准. 面向企业信息集成的竞争情报系统 [J]. 情报科学, 2005 (4).

[42] 陆金伟, 达庆利, 陆金林. 虚拟企业: 企业在全球竞争环境下的一种强有力竞争策略[J]. 东南大学学报(哲学社会科学版), 2000, 2(1).

[43] 骆建彬, 严鸢飞. 竞争情报实务指南[M]. 海口: 南海出版公司, 2005.

[44] 马士华. 供应链管理 [M]. 北京: 机械工业出版社, 2000.

[45] 孟韬. 企业联盟和虚拟企业的理论解释和现实意义 [J]. 经济管理, 2001（22）.

[46] 苗杰, 倪波. 集成环境下的竞争情报系统设计研究 [J]. 情报理论与实践, 2000（5）.

[47] 彭福扬, 邹树梁. 论虚拟企业的核心竞争力 [J]. 南华大学学报（社会科学版）, 2002（4）.

[48] 彭正银. 网络治理理论探析 [J]. 中国软科学, 2002（3）.

[49] 戚昌文, 邵洋. 市场竞争与专利战略 [M]. 武汉：华中理工大学出版社, 1995.

[50] 乔恩·休斯. 供应链再造 [M]. 孟韬, 译. 大连：东北财经大学出版社, 1999.

[51] 任鹏. 专利战略的层级分析 [J]. 竞争情报, 2019, 15（2）.

[52] 邵俊岗. 国外的专利制度与专利战略 [J]. 河南科技, 2003（2）.

[53] 沈丽容. 竞争情报：中国企业生存的第四要素 [M]. 北京：北京图书馆出版社, 2003.

[54] 孙丽芳. 我国高校专利战略的SWOT矩阵分析 [J]. 情报科学, 2007（8）.

[55] 王信东. 论虚拟企业二维市场性质及市场开拓策略 [J]. 中国软科学, 2001（11）.

[56] 王迎军, 柳茂平. 战略管理 [M]. 天津：南开大学出版社, 2004.

[57] 王曰芬, 邵凌, 丁晟春. 基于信息集成的企业竞争情报系统的构建研究 [J]. 情报学报, 2005（6）.

[58] 王知津. 竞争情报 [M]. 北京：科学技术文献出版社, 2005.

[59] 温金林, 于英川. 监视竞争对手——对竞争对手进行排序 [J]. 情报学报, 2001（5）.

[60] 吴红, 李玉平. 专利战略影响因素的AHP-SWOT分析研究 [J]. 图书情报工作, 2010, 54（20）.

[61] 吴应宇, 赵震翔. 关于信息时代的企业理论与虚拟企业的问题 [J]. 东南大学学报（哲学社会科学版）, 2000, 2（3）.

[62] 相丽玲, 王续, 武翔宇. 国内外跨国公司专利战略的案例分析 [J]. 情报理论与实践, 2011, 34 (8).

[63] 萧秉国. 论美国高科技产业并购专利策略与其法律问题研究：[M]. 台北：私立中原大学, 2004.

[64] 谢新洲, 包昌火, 张燕. 论企业竞争情报系统的建设 [J]. 北京大学学报（哲学社会科学版）, 2001 (6).

[65] 徐家力. 略论中国企业的专利战略 [N]. 光明日报, 2006-02-14.

[66] 徐章一. 供应链一体化的营销管理 [M]. 中国物资出版社, 2002.

[67] 杨林村, 邓益志, 赵立新. 国家专利战略研究 [M]. 北京：知识产权出版社, 2004.

[68] 赵宁. 我国企业专利战略的 SWOT 信息分析及应对策略 [J]. 现代情报, 2008 (4).

[69] 赵彤. 国内外企业专利战略分析 [J]. 中国科技信息, 2020 (22).

[70] 郑伟. 浅谈企业竞争情报系统的建立 [J]. 安徽冶金, 2005 (1).

[71] 周治翰, 胡汉辉. 分工的知识含义及其在网络经济下的回归 [J]. 中国软科学, 2001 (11).

[72] 朱肖颖, 吴红. 企业专利战略实施绩效的因子分析评价研究 [J]. 科技管理研究, 2010, 30 (11).

[73] 朱战备, 赖茂生. 企业竞争情报活动研究 [J]. 情报学报, 2001, 20 (2).

[74] ANSOFF H I. New Corporate Strategy[M]. New York：Wiley, 1988.

[75] ANSOFF H I. The Emerging Paradigm of Strategic Behavior[J]. Strategic Management Journal, 1987(18).

[76] BARTLETT C A, GHOSHAL S. Transnational Management, Text, Cases, and Readings in Cross-Border Management[M]. 3th ed. New Yoik：Irwin McGraw-Hill, 2000.

[77] BERDROW I, LANE H W. International Joint Ventures：Creating Value Through Successful Knowledge Management[J]. Journal of World Business, 2003(38).

[78] BERKOWITZ L. Getting the most from your patents[J]. Research Technology Management,1993,21(2).

[79] BROWNE J,DUBOIS D,RATHMIL L K,et al. cation of flexible manufacturing systems[J]. The FMS Magazine,1984,2 (2).

[80] CANTRELL R. Patents intelligence from legal and commercial perspectives[J]. World Patent Information,1997,19(4).

[81] COHEN W M,Levinthal D A. Absorptive capacity:A new perspective on learning and innovation[J]. Administrative Science Quarterly,1990(35).

[82] CORREA H L. Linking Flexibility,Uncertainty and Variability in Manufacturing Systems:Managing Unplanned Change in the Automative Industry[M]. Avebury,Aldershot,1994.

[83] DAVID C MOWERY,JOANNE E OXLEY,BRIAN S. Strategic Alliances and Inter-firm Knowledge Transfer[J]. Strategic Management Journal,1996(17).

[84] DUSSAUGE P,GARRETTE B,MITCHELL W. Learning from competing partners:outcomes and durations of scale and link alliances in Europe[J]. North America and Asia,Strategic Management Journal,2000(21).

[85] DYER J H,NOBEOKA K. Creating and Managing a High-performance Knowledge-sharing Network:The Toyota Case[J]. Strategic Management Journal,2000(21).

[86] EISENHARDT K M,SULL D N. Strategy as Simple Rules[J]. Harvard Business Review,2001(1).

[87] FARJOUN M. Towards an Organic Perspective on Strategy[J]. Strategic Management Journal,2002(23).

[88] FORTE M,HOFFMAN J,BRUCE,LAMONT T,ERICH N. Brockmann. Organizational Form And Environment:An Anmalysis Of Between-form And Within-form responses To Environmental Change[J]. Strategic Management Journal,2000(21).

[89] FOSTER J. Competitive selection, self-organisation and Joseph A[J]. Schupeter. Evolutionary Economics,2000(10).

[90] GARETH R. J,CHARLES W. L. H. Transaction Cost Analysis Of Strategy-structure choice[J]. Strategic Management Journal,1988(9).

[91] GERLOFF E A, MUIR N. K, BODENSTEINE W D. Three Components Perceived Environment Uncertainty:An Exploratory Analysis of the Effects of Aggregation[J],Journal of Management,1991(12).

[92] GERWIN D. An agenda for research on the flexibility of manufacturing processes[J]. International Journal of Operations and Production Management,1987,7 (1).

[93] GRANT R M,BADEN FULLER C. A knowledge-based theory of inter-firm collaboration[J]. Best Paper Proceedings,Academy of Management,1995.

[94] GREGORY D,LUMPKIN G T,COVIN J G. Entrepreneurial Strategy Making and Firm Performance:Tests Of Contingency And Configurational Models[J]. Strategic Management Journal,1997,1(18).

[95] HAMEL G, HEENE A. Competence-Based Competition[M]. Hoboken:John Wiley & SonS,1994.

[96] HAMEL G. Leading The Revolution[M]. Combridge:Harvard Business School Press,2000.

[97] HENNART J F. A transaction costs theory of equity joint ventures[J]. Strategic Management Journal,1988,9(4)

[98] HERRMANN P. Evolution of stiateyic management:The need toi new dominant designs[EB/OL]. (2012-12-19)[2022-12-22]. https://www.docin.com/P=557915894.html.

[99] JOHNSON G,THOMAS H. The Industry Context Of Strategy, Structure And Performance:The U. K. Brewing Industry[J]. Strategic Management Journal,1987(18).

[100] JOHNSTON D L. Intensive info security[J]. Security,1997(34).

[101] KAHANER L. Competitive Intelligence[M]. New York:Simon & Schuster. 1996.

[102] KARRI R. Strategic flexibility and firm performance[M]. unpublished Ph. D. dissertation,Washington University,2001.

[103] KELLY D,Amburgey T L. Organizational inertia and momentum:A dynamic model of strategic change[J]. Academy of Management Journal, 1991(34).

[104] KHANNA T,GULATI R, NOHRIA N. The Dynamics of Learning Alliances:Competition, Cooperation and Relative Scope[J]. Strategic Management Journal,1998(19).

[105] KOGUT B. ZANDER U. What firms do? Coordination,identity,and learning[J]. Organization Science,1996,7(5).

[106] LAN R S M. Strategic Flexibility:A New Reality forWorld-Class Manufacturing[M]. SAM Advanced Man-agement Journal,Spring 1996.

[107] LARRY K. Competitive Intelligence[M]. New York:Simon & Schuster. 1996.

[108] MADHAVAN R. Strategic flexibility and performance in the global steel industry:The role of interfirm linkages[M]. Pittsburgh:Uiversity of Pittsburgh,1996.

[109] MARIANN JELINEK,MICHAEL C BURSTEIN. The production Administrative Structure:A paradigm for Strategic Fit[J]. Academy of Management Review,1982,7(2).

[110] MCNAMARA G,VALER P M,DEVERS C. Same as it was:The search for Evidence of Increasing Hypercompetition[J]. Strategic Management Journal,2003,24(8).

[111] MILLER. The Structural And Environmental Correclates Of Business Strategy[J]. Strategic Management Journal,1987(18).

[112] PETER LORANGE,JOHAN ROOS. Strategic Alliance-Formation,Implementation and Evolution[M]. Cambridge,MA:Blackwell Publishers,1993.

[113] PRAHALAD C K,HAMEL G. The core competence of the corporation[J]. Harvard Business Review,1990(5-7).

[114] PUNT P. Effective and robust organisational changes in the product creation process:Balancing between operational efficiency and strategic flexibility[M]. Technische Universeteit Eindhoven,2000.

[115] RANJAY GULATI. Alliances and Networks[J]. Strategic Management Journal,2000(19).

[116] ROBERT S K,DAVID P N. The Balance Scorecard:Translating Strategy Into Action[M]. Cam bridge:Harvard Business School Press,1996.

[117] ROUSE M J,DAELLENBACH U S. More Thinking on Research Methods for the Resource-Based Perspective[J]. Strategic Management Journal, 2002(23).

[118] RUEF M. Assessing Organizational Fitness On A Dynamic Landscape:an Empirical Test Of The Relative Inertia Thesis[J]. Strategic Management Journal,1997,1(18).

[119] SALONER G,SHEPARD A,PODOLNY J. Strategic Management[M]. Jhon Wwiley & Sons,Inc. 2001.

[120] SANCHEZ R. Strategic Flexibility in Product Competi-tion[J]. Strategic Management Journal,1995,16 (6).

[121] SLACKR N D C. Flexibility as a manufacturing objective[J]. International Journal of Production and Operation Management,1983(3).

[122] SONG M,MONTOYA M. The Effec of Perceived technological Uncertainty on Japanese New Product Development[J]. Academy of Management journal,2001,144(1).

[123] STOPFORD J. Should Strategy Makers Become Dream Weavers? [J]. Harvard Business Review,2001(1).

[124] TAN J J,ROBERT J L. Environment-Strategy Relationship and Its Performance Implications:An Empirical Study Of the Chinese Electronics In-

dustry[J]. Strategic Management Journal,1994,15(7).

[125] TEECE D J, PISANO G, SHUEN A. Dynamic capabilities and strategic management[J]. Strategic Management Journal,1997,7 (18).

[126] VENKATRAMAN N. Exploring the Concept of "fit" in Strategic Management[J]. Academy of Management Review. 1984,9(3).

[127] VENKATRAMEN N, PRESCOTT J E. Environment – Strategy Coalignment:An Empirical Test of Its Performance Implications [J]. Strategic Management Journal 1990,1(11).

[128] WARREN K. The softer Side of Strategy Dynamics[J]. Business Strategy Review,2000(11).

[129] WIERSEMA M F,BANTER K A. Top Management Team Turnover as adaption Mechanism:The Role of The Environment[J]. Strategic Management Journal,1993(14).

[130] ZAJAC D J. Commentary on 'Alliances and networks' by R. Gulati[J]. Strategic Management Journal,1998(19).

附　录

附录一　基于竞争情报的企业专利战略指标体系

A　企业专利工作

　　A1　企业研发人员数

　　A2　企业研发人员学历

　　A3　企业负责专利管理工作人数

　　A4　企业拥有专利情况

　　　　A401　企业拥有发明专利数量

　　　　A402　企业拥有实用新型专利数量

　　　　A403　企业拥有外观设计专利数量

B　企业专利情报工作

　　B1　专利情报渠道

　　　　B101　通过公开出版物或公告文献获取专利情报

　　　　B102　通过网络专利信息（收费）获取专利情报

　　　　B103　通过网络专利信息（免费）获取专利情报

　　　　B104　通过专利信息提供商获取专利情报

　　　　B105　通过专利代理机构获取专利情报

　　　　B106　通过行业协会及同类机构获取专利情报

B2　专利情报的满足程度

　　　　B201　获取专利情报的方便性

　　　　B202　获取专利情报的可靠性

　　　　B203　获取专利情报的及时性

　　　　B204　获取专利情报的地域性

　　B3　专利竞争情报系统功能

　　B4　企业对专利竞争情报的重视与支持

　　　　B401　领导人对专利情报工作的重视程度

　　　　B402　专利情报工作人员薪酬水平

　　　　B403　对专利情报工作的资金投入水平

　　　　B404　为专利情报工作配备资源的充足程度

C　竞争对手跟踪与监测

　　C1　确立竞争对手

　　　　C101　竞争对手的相关专利数量

　　　　C102　竞争对手的专利开发和申请动向

　　　　C103　竞争对手的专利的地域性

　　　　C104　竞争对手的专利研发资金投入

　　　　C105　竞争对手的技术的先进程度

　　　　C106　竞争对手的技术的成熟程度

　　　　C107　竞争对手的专利时效性

　　　　C108　竞争对手的研发力量与水平

　　　　C109　竞争对手从专利技术到产品的转化情况

　　　　C110　竞争对手的专利竞争情报开展情况

　　　　C111　竞争对手专利产品的市场占有率

　　C2　对竞争对手重点专利掌握

　　　　C201　对竞争对手专利的用途的了解

　　　　C202　对竞争对手专利设计原理的了解

　　　　C203　对竞争对手专利使用主要材料的了解

　　　　C204　对竞争对手专利技术结构的了解

　　　　C205　对竞争对手专利利用方法的了解

　　C3　对竞争对手专利情报使用的分析方法

　　C4　对竞争对手的监测方式

　　　　C401　对竞争对手变化临时组织监测：临时型

　　　　C402　对竞争对手进攻而组织监测：反击型

　　　　C403　建立机构对竞争对手定期监测：预警型

　　　　C404　长期跟踪监测：攻击型

　　C5　专利情报分析报告的主要形式：分形式

　　C6　专利情报分析成果的主要类型：分阶段

D　企业专利战略

　　D1　专利战略规划

　　　　D101　专利战略总体规划情况

　　　　D102　专利申请战略计划制定情况

　　　　D103　专利实施战略规划情况

　　　　D104　专利防御战略规划情况

　　　　D105　专利转让战略规划

　　D2　专利权获取方式

　　　　D201　利用失效专利

　　　　D202　自主研发专利

　　　　D203　合作研发专利

　　　　D204　通过并购企业获取其专利使用权

　　　　D205　购买专利使用权

　　D3　防御对手的专利战略途径

　　　　D301　提前公开成果，使对方的申请失去新颖性

　　　　D302　申请外围专利，保护核心技术

D303 投诉侵权行为，寻求法律保障

D304 与核心技术人员签订保密合同

D305 对方先申请后证明自己的"先用权"

D306 与竞争对手达成专利纠纷和解协议

D4 专利战略知识培训

D401 对相关知识的专业培训需求

D402 企业内部专业知识培训情况

D403 对外部专业帮助和指导的需求

D404 获得外部专业帮助和指导情况

D5 企业专利产品特点

D501 专利产品的成熟程度

D502 专利产品的新颖程度

D503 专利产品的复杂程度

D504 专利产品的可替代性

D6 企业市场竞争合作需求

D601 专利竞争与合作过程中感受到的压力

D602 企业在行业中所处的竞争地位

D603 企业对于专利战略联盟的要求

D604 企业对于对手专利进攻的反应能力

D7 企业专利纠纷情况

D701 同竞争对手的专利纠纷

D702 涉及诉讼的情况

D703 专利被侵犯情况

D704 本企业侵犯其他企业专利情况

D705 胜诉的专利纠纷占总体纠纷的比例

D8 企业 SWOT 分析

D801 与竞争对手比较本企业专利战略优势

D802 与竞争对手比较本企业专利战略劣势

　　　　D803　与竞争对手比较本企业专利战略机会

　　　　D804　与竞争对手比较本企业专利战略弱点

　E　专利战略的外部环境

　　E1　专利制度

　　　　E101　专利审批制度

　　　　E102　专利保护制度

　　　　E103　专利管理工作

　　E2　企业及相关部门人员的专利信息素养

　　E3　企业对法律、咨询的满意程度

　　　　E301　专利律师和受委托咨询公司的专业水平

　　　　E302　专利律师和受委托咨询公司的收费标准

　　　　E303　专利律师和受委托咨询公司的服务质量

　　E4　系列环境变化的影响

　　　　E401　信息技术的发展

　　　　E402　产业政策

　　　　E403　行业技术更新

　　　　E404　加入 WTO

　　E5　企业专利受到政府的资金支持

　　E6　实施专利战略对企业竞争优势影响

　　E7　企业规模

　　E8　企业所属行业

附录二　国家知识产权局软科学研究课题企业专利战略专家问卷

尊敬的专家、学者：

您好！

我们正在开展国家知识产权局项目《基于竞争情报方法的企业专利战略研究》的课题研究，为了能够建立科学的评价指标体系，我们非常需要您给予大力支持和帮助。下面的调查表旨在了解您对企业专利战略与专利竞争情报各项评价指标重要程度的个人认知情况，以作为本课题进一步研究的主要参考。您的意见对我们的研究工作极为重要，为此请您在百忙中拨冗填写本调查表后返回邮箱 lidesheng@bigc.edu.cn，不胜感谢！

如果您需要我们建立的评价指标体系，我们将在完成后向您提供。

企业专利战略各项评价指标重要性调查表

对于评价企业专利战略，您认为下面所列指标的重要程度如何，请在相应的括号内做个标记（例如，印刷版在□内写"√"，电子版将该选项涂红，也可以选用您最顺手的标记方式，只要让我们能知道您的选择就可以）。对于这些评价指标，如果您还有什么意见或建议，欢迎您的批评与指导。谢谢您的支持！

一、专利工作概况

	重要	较重要	一般	较不重要	不重要
1. 企业研发人员数	☐	☐	☐	☐	☐
2. 企业研发人员学历	☐	☐	☐	☐	☐
3. 企业负责专利管理工作人数	☐	☐	☐	☐	☐
4. 企业拥有发明专利数量	☐	☐	☐	☐	☐
5. 企业拥有实用新型专利数量	☐	☐	☐	☐	☐
6. 企业拥有外观设计专利数量	☐	☐	☐	☐	☐

二、专利情报

	重要	较重要	一般	较不重要	不重要
7. 通过公开出版物或公告文献获取专利情报	☐	☐	☐	☐	☐
8. 通过网络专利信息(收费)获取专利情报	☐	☐	☐	☐	☐
9. 通过网络专利信息(免费)获取专利情报	☐	☐	☐	☐	☐
10. 通过专利信息提供商获取专利情报	☐	☐	☐	☐	☐
11. 通过专利代理机构获取专利情报	☐	☐	☐	☐	☐
12. 通过行业协会及同类机构获取专利情报	☐	☐	☐	☐	☐
13. 获取专利情报的方便性	☐	☐	☐	☐	☐
14. 获取专利情报的可靠性	☐	☐	☐	☐	☐
15. 获取专利情报的及时性	☐	☐	☐	☐	☐
16. 获取专利情报的地域性	☐	☐	☐	☐	☐
17. 企业专利竞争情报系统	☐	☐	☐	☐	☐
18. 领导人对专利情报工作的重视程度	☐	☐	☐	☐	☐
19. 专利情报工作人员薪酬水平	☐	☐	☐	☐	☐
20. 对专利情报工作的资金投入水平	☐	☐	☐	☐	☐
21. 为专利情报工作配备资源的充足程度	☐	☐	☐	☐	☐

三、竞争对手跟踪

	重要	较重要	一般	较不重要	不重要
22. 竞争对手的相关专利数量	□	□	□	□	□
23. 竞争对手专利开发和申请动向	□	□	□	□	□
24. 竞争对手的专利的地域性	□	□	□	□	□
25. 竞争对手的专利研发资金投入	□	□	□	□	□
26. 竞争对手的技术的先进程度	□	□	□	□	□
27. 竞争对手的技术的成熟程度	□	□	□	□	□
28. 竞争对手的专利的时效性	□	□	□	□	□
29. 竞争对手的研发力量与水平	□	□	□	□	□
30. 竞争对手从专利技术到产品的转化情况	□	□	□	□	□
31. 竞争对手的专利竞争情报开展情况	□	□	□	□	□
32. 竞争对手专利产品的市场占有率	□	□	□	□	□
33. 对竞争对手专利的用途的了解	□	□	□	□	□
34. 对竞争对手专利设计原理的了解	□	□	□	□	□
35. 对竞争对手专利使用主要材料的了解	□	□	□	□	□
36. 对竞争对手专利技术结构的了解	□	□	□	□	□
37. 对竞争对手专利利用方法的了解	□	□	□	□	□
38. 对竞争对手专利情报使用的分析方法	□	□	□	□	□
39. 对竞争对手变化临时组织监测：临时型	□	□	□	□	□
40. 对竞争对手进攻而组织监测：反击型	□	□	□	□	□
41. 建立机构对竞争对手定期监测：预警型	□	□	□	□	□
42. 长期跟踪监测：攻击型	□	□	□	□	□
43. 专利情报分析报告的主要形式：分形式	□	□	□	□	□
44. 专利情报分析成果的主要类型：分阶段	□	□	□	□	□

四、专利战略

	重要	较重要	一般	较不重要	不重要
45. 专利战略总体规划情况	☐	☐	☐	☐	☐
46. 专利申请战略计划制订情况	☐	☐	☐	☐	☐
47. 专利实施战略规划情况	☐	☐	☐	☐	☐
48. 专利防御战略规划情况	☐	☐	☐	☐	☐
49. 专利转让战略规划	☐	☐	☐	☐	☐
50. 利用失效专利	☐	☐	☐	☐	☐
51. 自主研发专利	☐	☐	☐	☐	☐
52. 合作研发专利	☐	☐	☐	☐	☐
53. 通过并购企业获取其专利使用权	☐	☐	☐	☐	☐
54. 购买专利使用权	☐	☐	☐	☐	☐
55. 提前公开成果,使对方的申请失去新颖性	☐	☐	☐	☐	☐
56. 申请外围专利,保护核心技术	☐	☐	☐	☐	☐
57. 投诉侵权行为,寻求法律保障	☐	☐	☐	☐	☐
58. 与核心技术人员签订保密合同	☐	☐	☐	☐	☐
59. 对方先申请后证明自己的"先用权"	☐	☐	☐	☐	☐
60. 与竞争对手达成专利纠纷和解协议	☐	☐	☐	☐	☐
61. 对相关知识的专业培训需求	☐	☐	☐	☐	☐
62. 企业内部专业知识培训情况	☐	☐	☐	☐	☐
63. 对外部专业帮助和指导的需求	☐	☐	☐	☐	☐
64. 获得外部专业帮助和指导情况	☐	☐	☐	☐	☐
65. 专利产品的成熟程度	☐	☐	☐	☐	☐
66. 专利产品的新颖程度	☐	☐	☐	☐	☐
67. 专利产品的复杂程度	☐	☐	☐	☐	☐
68. 专利产品的可替代性	☐	☐	☐	☐	☐
69. 专利竞争与合作过程中感受到的压力	☐	☐	☐	☐	☐
70. 企业在行业中所处的竞争地位	☐	☐	☐	☐	☐
71. 企业对于专利战略联盟的要求	☐	☐	☐	☐	☐
72. 企业对于对手专利进攻的反应能力	☐	☐	☐	☐	☐

	重要	较重要	一般	较不重要	不重要
73. 同竞争对手的专利纠纷	☐	☐	☐	☐	☐
74. 涉及诉讼的情况	☐	☐	☐	☐	☐
75. 专利被侵犯情况	☐	☐	☐	☐	☐
76. 本企业侵犯他企业专利情况	☐	☐	☐	☐	☐
77. 胜诉的专利纠纷占总体纠纷的比例	☐	☐	☐	☐	☐
78. 与竞争对手比较本企业专利战略优势	☐	☐	☐	☐	☐
79. 与竞争对手比较本企业专利战略劣势	☐	☐	☐	☐	☐
80. 与竞争对手比较本企业专利战略机会	☐	☐	☐	☐	☐
81. 与竞争对手比较本企业专利战略弱点	☐	☐	☐	☐	☐

五、专利战略的外部环境

	重要	较重要	一般	较不重要	不重要
82. 专利审批制度	☐	☐	☐	☐	☐
83. 专利保护制度	☐	☐	☐	☐	☐
84. 专利管理工作	☐	☐	☐	☐	☐
85. 企业及相关部门人员的专利信息素养	☐	☐	☐	☐	☐
86. 专利律师和受委托咨询公司的专业水平	☐	☐	☐	☐	☐
87. 专利律师和受委托咨询公司的收费标准	☐	☐	☐	☐	☐
88. 专利律师和受委托咨询公司的服务质量	☐	☐	☐	☐	☐
89. 信息技术的发展	☐	☐	☐	☐	☐
90. 产业政策	☐	☐	☐	☐	☐
91. 行业技术更新	☐	☐	☐	☐	☐
92. 加入 WTO	☐	☐	☐	☐	☐
93. 企业专利受到政府的资金支持	☐	☐	☐	☐	☐
94. 企业规模	☐	☐	☐	☐	☐
95. 企业所属行业	☐	☐	☐	☐	☐
96. 实施专利战略对企业竞争优势影响	☐	☐	☐	☐	☐

附录三 国家知识产权局软科学研究课题企业专利战略调查问卷

尊敬的专家：

您好！

非常感谢您在百忙之中抽空回答本问卷。本问卷是为完成国家知识产权局研究课题进行的调查。本调查只需占用您5分钟到10分钟的时间。如果您需要本次调查的分析结果或者有其他要求，请与我们联系。

填写方式：（ ）里面请如实填写数据。印刷版在□内写"√"，电子版将该选项涂红。

保密承诺：本调查问卷所收集到的所有信息将只被用于学术研究，您的回答将完全匿名。

电子邮件问卷请返回至：lidesheng@bigc.edu.cn。

衷心感谢您的大力支持！

一、专利工作概况

1. 研发人员数：研究员和高级工程师（ ）人，工程师（ ）人，技术员（ ）人，其他（ ）人

2. 研发人员学历情况：研究生（ ）人，本科（ ）人，大专（ ）人，中专及以下（ ）人

3. 贵公司负责专利管理和专利战略工作人数：专职（ ）人，兼职（ ）人

4. 贵公司专利申请、已获授权、已实施、转让、引进概况：

类型	发明专利/件	实用新型/件	外观设计/件	合计/件
申请专利总数				
国外申请数量				
已获授权专利				
已实施专利				
转让出专利				
引进专利				

二、专利情报

1. 贵公司获取专利情报渠道： 　　　　　没有 较少 一般 较多 很多
①公开出版物或公告文献　　　　　　　　□　□　□　□　□
②网络专利信息（收费）　　　　　　　　□　□　□　□　□
③网络专利信息（免费）　　　　　　　　□　□　□　□　□
④专利信息提供商　　　　　　　　　　　□　□　□　□　□
⑤专利代理机构　　　　　　　　　　　　□　□　□　□　□
⑥行业协会及同类机构　　　　　　　　　□　□　□　□　□
⑦其他信息源（请注明＿＿＿＿＿）　　　□　□　□　□　□

2. 获取的专利情报对您需求的满足程度： 　很低 较低 一般 较高 很高
①方便性　　　　　　　　　　　　　　　□　□　□　□　□
②可靠性　　　　　　　　　　　　　　　□　□　□　□　□
③及时性　　　　　　　　　　　　　　　□　□　□　□　□
④地域性　　　　　　　　　　　　　　　□　□　□　□　□

3. 贵公司专利竞争情报系统状况：

是否有专门的专利竞争情报系统或在其他系统中集成了这部分功能：

□是　□否

如"是"，那么专利竞争情报系统的利用对下列环节产生的效果：

	很弱	较弱	一般	较强	很强
①竞争外部环境分析	□	□	□	□	□
②竞争对手跟踪	□	□	□	□	□
③企业内部专利分析统计	□	□	□	□	□
④企业专利战略的制定与变更	□	□	□	□	□

4. 贵公司对专利情报工作的重视和支持程度：

	很低	较低	一般	较高	很高
①领导人对专利情报工作的重视程度	□	□	□	□	□
②专利情报工作人员薪酬水平	□	□	□	□	□
③对专利情报工作的资金投入水平	□	□	□	□	□
④为专利情报工作配备资源的充足程度	□	□	□	□	□

三、竞争对手跟踪

1. 贵公司在确立主要竞争对手时，对下列要素的关注程度：

	不关注————→很关注				
①专利数	□	□	□	□	□
②专利开发和申请动向	□	□	□	□	□
③专利的申请地	□	□	□	□	□
④专利研发资金投入	□	□	□	□	□
⑤专利时效性因素	□	□	□	□	□
⑥研发力量与水平	□	□	□	□	□
⑦技术的成熟程度	□	□	□	□	□
⑧从专利技术到产品的转化情况	□	□	□	□	□
⑨技术的先进程度	□	□	□	□	□

⑩专利竞争情报开展情况 ☐ ☐ ☐ ☐ ☐
⑪专利产品市场占有率 ☐ ☐ ☐ ☐ ☐
⑫其他（请注明_____） ☐ ☐ ☐ ☐ ☐

2. 对竞争对手重点专利内容的掌握：

　　　　　　　　　　　　　　　　无　较少　一般　较多　很多

①专利的用途 ☐ ☐ ☐ ☐ ☐
②专利设计原理 ☐ ☐ ☐ ☐ ☐
③专利使用的主要材料 ☐ ☐ ☐ ☐ ☐
④专利技术的结构 ☐ ☐ ☐ ☐ ☐
⑤专利的使用方法 ☐ ☐ ☐ ☐ ☐
⑥其他（请注明_____） ☐ ☐ ☐ ☐ ☐

3. 贵公司使用的专利情报分析方法：

　　　　　　　　　　　　　　　　无　较少　一般　较多　很多

①SWOT方法 ☐ ☐ ☐ ☐ ☐
②基准分析（Benchmarking） ☐ ☐ ☐ ☐ ☐
③专利地图分析 ☐ ☐ ☐ ☐ ☐
④情境分析（Scenario Analysis） ☐ ☐ ☐ ☐ ☐
⑤财务报表分析 ☐ ☐ ☐ ☐ ☐
⑥反求工程（Reverse Engineering） ☐ ☐ ☐ ☐ ☐
⑦关键成功因素（CSFs） ☐ ☐ ☐ ☐ ☐
⑧专利产品生命周期分析 ☐ ☐ ☐ ☐ ☐
⑨专利文献分析（包括专利分类号、专利权人、专利引证率等） ☐ ☐ ☐ ☐ ☐
⑩其他（请注明_____） ☐ ☐ ☐ ☐ ☐

4. 贵公司对竞争对手专利的监测方式：

　　　　　　　　　　　　　　　　无　较少　一般　较多　很多

①临时型（针对变化临时组织监测） ☐ ☐ ☐ ☐ ☐
②反击型（针对对方进攻而组织监测） ☐ ☐ ☐ ☐ ☐

③预警型（建立机构定期监测）　□　□　□　□　□
④攻击型（长期跟踪监测）　　　□　□　□　□　□
⑤其他（请注明_____）　　□　□　□　□　□

5. 专利情报分析报告的主要形式：

□①获得的原始资料

□②不定期书面报告

□③定期书面报告

□④不定期的口头汇报

□⑤定期的口头汇报

□⑥企业内部的电子数据库

□⑦实时通讯

□⑧其他（请注明_____）

6. 专利情报分析成果类型主要有：

□①专利战略报告

□②专利趋势报告

□③专利创新报告

□④竞争对手专利报告

□⑤专利统计数据报表

□⑥其他（请注明_____）

四、专利战略

1. 专利战略规划情况：　　　　　　　无　较少　一般　较多　很多
①专利战略总体规划情况　　　　　　□　　□　　□　　□　　□
②专利申请战略计划制订情况　　　　□　　□　　□　　□　　□
③专利实施战略规划情况　　　　　　□　　□　　□　　□　　□
④专利防御战略规划情况　　　　　　□　　□　　□　　□　　□

2. 贵公司专利权的获取方式： 无 较少 一般 较多 很多
①利用失效（过期）专利 □ □ □ □ □
②自主研发专利 □ □ □ □ □
③合作研发专利 □ □ □ □ □
④通过并购企业获取其专利使用权 □ □ □ □ □
⑤购买 □ □ □ □ □

3. 贵公司防御竞争对手专利战略途径： 无 较少 一般 较多 很多
①提前公开成果，使对方的申请失去新颖性 □ □ □ □ □
②申请外围专利，保护核心技术 □ □ □ □ □
③投诉侵权行为，寻求法律保障 □ □ □ □ □
④与核心技术人员签订保密合同 □ □ □ □ □
⑤在对方先申请的情况下证明自己的"先用权" □ □ □ □ □
⑥与竞争对手达成专利纠纷和解协议 □ □ □ □ □

4. 专利战略相关知识的培训教育情况： 无 较少 一般 较多 很多
①对相关知识的专业培训需求情况 □ □ □ □ □
②企业内部专业知识培训开展情况 □ □ □ □ □
③对外部专业帮助和指导的需求情况 □ □ □ □ □
④实际获得外部专业帮助和指导的情况 □ □ □ □ □

5. 贵公司所生产的专利产品的特点： 很低 较低 一般 较高 很高
①成熟程度（稳定性及商品化程度） □ □ □ □ □
②新颖程度（创新的程度） □ □ □ □ □
③复杂程度（操作或理解的复杂程度） □ □ □ □ □
④可替代性（被其他专利产品取代的可能性） □ □ □ □ □

6. 企业在专利市场竞争与合作过程中： 很弱 较弱 一般 较强 很强
①感到的竞争压力 □ □ □ □ □
②企业在行业中所处的竞争地位 □ □ □ □ □
③企业对于专利战略联盟的要求 □ □ □ □ □
④企业对于对手进攻的反应能力 □ □ □ □ □

7. 贵公司专利纠纷情况：　　　　　　　无　较少　一般　较多　很多
①同竞争对手的专利纠纷　　　　　　□　□　□　□　□
②涉及诉讼的情况　　　　　　　　　□　□　□　□　□
③贵公司专利被侵犯情况　　　　　　□　□　□　□　□
④贵公司被投诉侵犯他企业专利情况　□　□　□　□　□
⑤胜诉的专利纠纷占总体纠纷的比例　□　□　□　□　□

8. 与主要竞争对手比较，贵公司的专利工作及战略：

　　　　　　　　　　　　　　　　　很低　较低　一般　较高　很高
①面临的优势　　　　　　　　　　　□　□　□　□　□
②面临的劣势　　　　　　　　　　　□　□　□　□　□
③面临的机会　　　　　　　　　　　□　□　□　□　□
④面临的威胁　　　　　　　　　　　□　□　□　□　□

五、专利战略的外部环境

1. 对当前专利制度的满意度：　　　　很低　较低　一般　较高　很高
①对当前专利审批制度　　　　　　　□　□　□　□　□
②对当前专利保护制度　　　　　　　□　□　□　□　□
③对当前专利管理工作　　　　　　　□　□　□　□　□
④其他（请说明_____）　　　 □　□　□　□　□

2. 企业及相关部门人员的专利意识和专利信息素养：

　　　　□很低　□较低　□一般　□较高　□很高

3. 公司对专利律师和受委托咨询公司的满意度：

　　　　　　　　　　　　　　　　　很低　较低　一般　较高　很高
①律师或咨询公司专业水平　　　　　□　□　□　□　□
②律师或咨询公司收费标准　　　　　□　□　□　□　□
③律师或咨询公司服务质量　　　　　□　□　□　□　□
④其他（请说明_____）　　　 □　□　□　□　□

4. 近年来下列环境变化对企业专利战略的影响程度：

	很低	较低	一般	较高	很高
①信息技术的发展	□	□	□	□	□
②产业政策	□	□	□	□	□
③行业技术更新	□	□	□	□	□
④加入 WTO	□	□	□	□	□
⑤其他（请说明_____）	□	□	□	□	□

5. 企业专利受到政府的资金支持情况：

□没有　□很小　□一般　□较大　□很大　能否提供具体数字：_____万元

6. 您认为实施专利战略为企业带来的竞争优势表现在：（请在合适选项前划√）

□促进生产力的提高（如更低的成本、更快的速度）
□遏制竞争对手
□提升企业声誉（如更好的质量、可信度、商标差异度）
□业务流程的优化
□提升企业敏捷性（如更具弹性、快速反应、变革适应性）
□提高员工满意度与忠诚度
□鼓励、促进创新（如新产品、新服务）
□提高客户满意度和忠诚度
□其他（请说明_____）

六、公司概况

创建时间：	注册资本：
企业主营业务：	
企业性质：	年产值：

企业属于下列哪一个行业：

□电子信息　　□生物医药　　□化工　　□冶金

□汽车　　□环保与新能源　　□机械设备仪器仪表　　□技术咨询服务

□其他

如您对企业专利战略的制定和实施及对竞争对手进行技术跟踪与监测还有其他建议和意见，请写在下面。

******您已经完成本问卷，再次感谢您的帮助和支持！******

附录四　加权后的企业一级指标得分统计表

企业编码	NB	NC	ND	NE
权重	0.2018	0.3022	0.3696	0.1048
01	4.24	3.71	3.74	3.03
02	3.40	2.85	3.02	2.98
03	2.20	3.23	3.13	3.09
04	2.45	2.89	2.91	2.92
05	1.13	1.06	1.41	1.04
06	2.10	2.01	2.39	2.19
07	2.51	4.00	3.00	3.33
08	4.64	4.21	3.81	3.58
09	2.98	2.26	2.94	2.98
10	2.51	2.31	2.91	1.96
11	3.15	2.66	2.91	2.47
12	3.12	2.80	3.34	2.67
13	2.87	3.16	2.73	2.99
14	3.05	2.75	2.88	2.47
15	3.68	3.46	3.61	2.91
16	3.22	2.81	2.89	2.69
17	3.40	4.05	3.55	2.67
18	2.43	3.03	2.64	3.22
19	2.44	2.90	2.84	2.82
20	2.07	1.97	1.98	2.84
21	2.32	2.88	2.58	2.73
22	2.89	2.30	2.37	2.35
23	3.34	3.09	3.31	2.77
24	3.03	2.92	3.07	2.46
25	2.73	2.81	2.93	2.45

续表

企业编码	NB	NC	ND	NE
26	3.38	3.24	2.77	3.69
27	3.16	2.89	2.99	2.85
28	2.95	2.96	2.71	2.36
29	4.22	2.86	3.18	2.28
30	3.25	2.76	3.16	2.35
31	2.88	2.69	3.18	2.36
32	4.89	4.50	4.56	3.83
33	2.88	2.75	2.92	2.41
34	3.44	3.08	3.24	2.97
35	3.11	2.75	2.88	2.13
36	3.03	2.93	2.70	2.33
37	2.81	3.03	2.24	3.05
38	3.07	2.44	2.79	2.70
39	3.19	2.97	2.91	2.58
40	4.58	3.90	3.72	4.18
41	2.81	3.47	3.01	3.27
42	4.56	4.15	4.07	3.78
43	3.56	4.18	3.85	3.79
44	4.83	4.31	4.15	4.07
45	2.55	3.65	3.77	3.47
46	4.05	3.71	3.53	4.07
47	3.68	3.65	3.61	3.30
48	4.45	4.00	3.74	4.05
49	3.74	3.78	3.82	3.72
50	3.01	2.58	2.94	2.82
51	4.04	4.27	3.96	4.25
52	3.17	2.86	2.84	2.82
53	4.44	3.65	3.71	3.45
54	4.42	3.36	3.05	3.54
55	3.61	3.45	3.46	3.35

续表

企业编码	NB	NC	ND	NE
56	3.91	3.48	3.36	3.82
57	3.19	2.72	2.73	2.66
58	2.52	2.78	2.62	3.12
59	2.52	3.64	2.76	3.12
60	3.32	2.63	2.43	2.72
61	3.25	3.18	2.36	3.31
62	3.39	3.18	2.47	3.29
63	3.21	2.68	2.60	2.45
64	3.31	2.95	2.78	2.39
65	4.34	4.73	3.75	3.72
66	4.49	4.30	3.36	3.43
67	2.23	3.00	3.01	2.65
68	2.74	2.71	2.88	3.21
69	2.57	3.15	3.06	3.47
70	2.69	3.07	3.04	3.19
71	2.51	3.12	3.00	3.41
72	2.92	2.71	2.84	3.21
73	2.24	2.86	3.02	3.47
74	2.73	2.71	2.82	3.08
75	2.50	2.68	2.93	2.66
76	0.84	1.16	1.03	1.57
77	2.00	2.52	2.97	2.84
78	2.09	1.04	2.90	2.33
79	4.55	3.67	3.65	4.23
80	2.98	3.45	3.16	3.75
81	3.68	2.89	3.18	3.38
82	2.33	3.22	2.72	3.13
83	2.90	3.27	2.43	3.65
84	2.95	3.86	2.80	2.53
85	2.86	3.25	2.83	2.90

续表

企业编码	NB	NC	ND	NE
86	1.66	2.14	2.24	2.10
87	1.42	2.24	1.80	1.43
88	2.32	1.44	1.65	1.96
89	2.58	1.72	1.03	1.68
90	0.89	1.84	2.28	2.35
91	2.79	3.99	3.04	3.14
92	3.45	3.79	2.92	2.86
93	2.45	2.96	1.92	2.93
94	2.92	3.36	2.68	3.37
95	3.22	2.95	2.62	2.65
96	2.85	1.63	2.62	3.44
97	3.54	3.60	2.90	3.32
98	1.70	2.34	2.13	3.41
99	3.09	3.13	3.28	3.12
100	3.84	3.81	4.10	3.72
101	3.93	3.06	3.22	2.72
102	3.21	2.72	2.96	2.27
103	2.51	2.89	2.86	2.62
104	3.15	2.88	3.06	2.32
105	3.06	2.76	2.76	2.88
106	4.18	2.81	3.14	3.59

附录五 分段调整后的企业一级指标得分统计表

企业编码	NB	NC	ND	NE
01	5	4	4	4
02	4	3	3	4
03	2	3	3	4
04	2	3	3	3
05	1	1	1	1
06	2	2	2	2
07	3	5	3	4
08	5	5	4	4
09	3	2	3	4
10	3	2	3	2
11	3	3	3	3
12	3	3	4	3
13	3	3	3	4
14	3	3	3	3
15	4	4	4	3
16	3	3	3	3
17	4	5	4	3
18	2	3	3	4
19	2	3	3	3
20	2	2	2	3
21	2	3	3	3
22	3	2	2	3
23	4	3	4	3
24	3	3	3	3
25	3	3	3	3
26	4	3	3	5

续表

企业编码	NB	NC	ND	NE
27	3	3	3	3
28	3	3	3	3
29	5	3	4	2
30	3	3	4	3
31	3	3	4	3
32	5	5	5	5
33	3	3	3	3
34	4	3	4	4
35	3	3	3	2
36	3	3	3	3
37	3	3	2	4
38	3	2	3	3
39	3	3	3	3
40	5	4	4	5
41	3	4	3	4
42	5	5	5	5
43	4	5	4	5
44	5	5	5	5
45	3	4	4	4
46	4	4	4	5
47	4	4	4	4
48	5	5	4	5
49	4	4	4	5
50	3	3	3	3
51	4	5	5	5
52	3	3	3	3
53	5	4	4	4
54	5	4	3	4
55	4	4	4	4
56	4	4	4	5

续表

企业编码	NB	NC	ND	NE
57	3	3	3	3
58	3	3	3	4
59	3	4	3	4
60	4	3	2	3
61	3	3	2	4
62	4	3	3	4
63	3	3	3	3
64	4	3	3	3
65	5	5	4	5
66	5	5	4	4
67	2	3	3	3
68	3	3	3	4
69	3	3	3	4
70	3	3	3	4
71	3	3	3	4
72	3	3	3	4
73	2	3	3	4
74	3	3	3	4
75	3	3	3	3
76	1	1	1	1
77	2	3	3	3
78	2	1	3	3
79	5	4	4	5
80	3	4	4	5
81	4	3	4	4
82	2	3	3	4
83	3	4	2	5
84	3	4	3	3
85	3	3	3	3
86	2	2	2	2

续表

企业编码	NB	NC	ND	NE
87	1	2	2	1
88	2	1	1	2
89	3	1	1	1
90	1	2	2	3
91	3	5	3	4
92	4	4	3	3
93	2	3	2	3
94	3	4	3	4
95	3	3	3	3
96	3	1	3	4
97	4	4	3	4
98	2	2	2	4
99	3	3	4	4
100	4	4	5	5
101	4	3	4	3
102	3	3	3	2
103	3	3	3	3
104	3	3	3	2
105	3	3	3	3
106	5	3	3	4